U0169179

中国食物

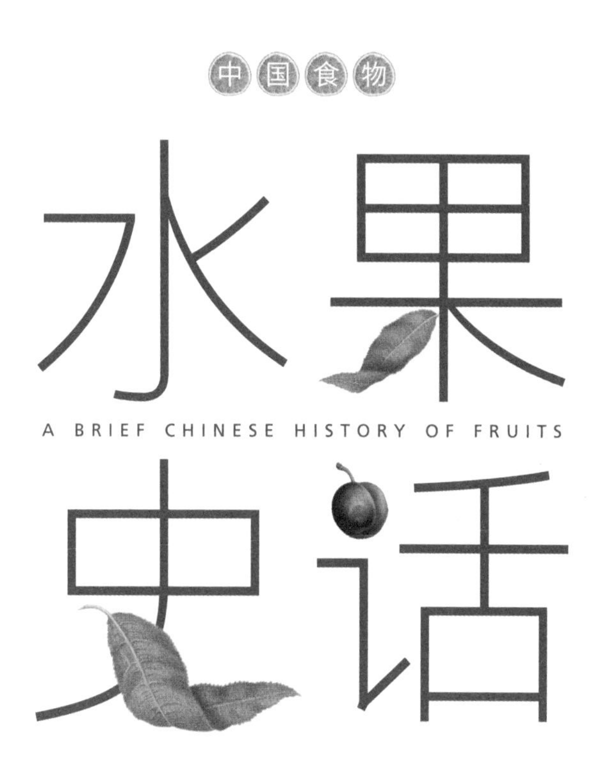

# 水果史话

A BRIEF CHINESE HISTORY OF FRUITS

中科院植物学博士、科学松鼠会成员

史军 著

中信出版集团 | 北京

图书在版编目（CIP）数据

中国食物. 水果史话 / 史军著. -- 北京 : 中信出版社，2020.4（2022.4重印）
ISBN 978-7-5217-1638-2

Ⅰ. ①中… Ⅱ. ①史… Ⅲ. ①饮食—文化—中国 ②水果—生物学史—中国 Ⅳ. ①TS971.2 ②S66-091

中国版本图书馆CIP数据核字(2020)第034106号

中国食物：水果史话

策划推广：北京地理全景知识产权管理有限责任公司
出版发行：中信出版集团股份有限公司
（北京市朝阳区惠新东街甲4号富盛大厦2座 邮编 100029）
承 印 者：北京华联印刷有限公司
制　　版：北京美光设计制版有限公司

开　　本：889mm×1194mm　1/32　　印　　张：6.5　　字　　数：200千字
版　　次：2020年4月第1版　　印　　次：2022年4月第5次印刷
广告经营许可证：京朝工商广字第8087号
书　　号：ISBN 978-7-5217-1638-2
定　　价：58.00元

一次追寻中国水果起源的植物学探究

一场给美食爱好者的水果文化趣谈

# 目录

## Ⅴ 宋　蔬菜大步发展　柑橘有了家谱

—

城市化与蔬菜交易，催熟和保存技术

—



## Ⅵ 明清　榴梿杧果难带回　猕猴桃反而出走

—

难以为继的远洋探索与闭关锁国政策

—

## Ⅶ 现代 褚橙生产工业化 极地苹果玩创新

种子权利的战争与新品种的研发



## Ⅷ 新时代 家中坐吃神秘果 遍地都种优质梨

电商带给水果市场的巨大改变

# 因植物而同行

李成才

《影响世界的中国植物》总导演

英国本土并不辽阔，却拥有历史悠久、收藏广博的大英博物馆，由英国国家广播公司（BBC）拍摄的许多纪录片已成为经典，更多关于植物的书籍更是名满天下。我时常想：中国作为一个幅员辽阔，自然资源尤其是植物资源丰富的国家，我们如何能做出与英国竞争的文化作品呢？幸运的是，“史军们”来了，他们带着知识和智慧，担负起了传播植物文化的使命。

对于大众而言，史军是植物学博士，是拥有几百万粉丝的科普大咖，是儿童科普作家，是植物文化的传播者。对我而言，他是纪录片《影响世界的中国植物》的科学顾问，是我们团队进入植物世界、表达植物世界的引领者。

《影响世界的中国植物》是一部大型的自然科学类纪录片，历时三年制作而成，涉及的植物种类繁多，需要多种学科背景的人参与。我有一个习惯，就是在创作一个重大纪录片选题的时候，会尽最大努力与这一领域拥有最高理论成果和实践成果的人打交道，这样会让我们少走一些弯路。科学家牛顿曾经说：“如果说我看得比别人更远些，那是因为我站在巨人的肩膀上。”我也一直秉承这样的原则，寻找可以借力的肩膀。史军是最早进入我们专家团队的成员之一。当我们对一个概念、一个观点或一种表达有疑惑时，就会求助史军。他是我们专家团队中最年轻的一位，也是被打搅最多的一位。

纪录片是面向大众的，科学的解释只能解决其专业性和权威性，但纪录片还需要生动的表达。史军在这方面比我们有更早、更多的实践，他是大众科普图书的作者，他擅长讲故事，于是在他的帮助下，就有了我们对植物生动的解读。比如在《水果》这一集中，表现橘子和橙子为何种类繁多，他会说橘子是“多情之人”，甚至到了“滥情”的地步，每一个新的种类的出现，就是这种“感情泛滥”的结果。

史军老师的新作《中国食物：水果史话》中，也有很多类似的表述，这使内容更加生动有趣。而且，当看完这部作品后，我发现这不仅仅是一部寻找中国本土水果历史渊源的图书，更以水果为切口，让我们进入一个波澜壮阔的世界。这个世界包括哲学、科学、艺术、宗教、文明，小到细胞与基因，大到人类族群的物质与精神活动。看似简单地对中国本土水果追根溯源，却映射出人类社会与文明的各种讯息。

史军老师邀我为这本书作序，我应承下来，是出于对他的感谢，感谢他对我们纪录片的全身心的、无私的投入。我无以回报，唯有表达一份情感，于是用一份诚意拼凑成这些文字。

是为序。

# 中国人的水果观

人类这个物种的发展和演化，与水果有着无法剪断的关系：从三色视觉到复杂的味觉，从夜光杯里的葡萄美酒到超市货架上的苹果切片，从伊甸园里的禁果到“多子多福”的石榴。无论是人类的身体，还是政治、经济、文化，都与这种食物紧密地捆绑在一起。

在现代社会，由于技术进步，许多水果的品种、外观、口味，都是人类按自己的意志塑造的，但在历史的长河中，水果更像是人类发展道路上的忠实见证者和记录者。与其说人类改变了水果，不如说水果首先改变了人。

## 人是一种吃果子长大的猿

就拿人类的视觉来说，最初，人类的夜行性祖先并没有强大的彩色视觉能力，只有适应夜晚的发达的暗视力。到今天，我们的暗视力依旧保持着，即便是只有星光的夜晚，也能看清田间小道，那是我们视网膜上分辨明暗的视杆细胞的功劳。但在后来的演化过程中，人类逐渐依赖各种果实、嫩芽这样的食物，使得分辨颜色成为人类必须具备的一种能力。正因为如此，在人类群体中，视网膜上的视锥细胞逐渐发达起来。

为什么分辨颜色这么重要呢？因为植物身体上不同的颜色代表了不同的生长阶段，比如鲜红色的嫩叶通常是有毒的警示标志，而红色的果实则是成熟可食用的信号。只有那些善于选择正确食物的人类祖先，才能避免摄入毒素，获取更多的营养，也就有更多的机会繁殖，把自己的基因传递下去，而这些基因也就深深地镌刻在我们的遗传系统之中。

从夜行性到昼行性的转变，也让人类更依赖那些特殊的化学物质，比如维生素 A 和 β-胡萝卜素。因为在白天的时候，我们的视网膜承受着更强的阳光刺激。过多的能量，带来了过多的自由基。这些自由基具有强大的杀伤能力，而要对付这些炸弹般的化学物质，保证视网膜正常工作，就需要很多抗氧化剂，这也就是我们需要补充维生素 A 和 β-胡萝卜素的原因。而这一切，在数百万年前，人类的祖先选择果实作为食物的时候，就已经注定了。

**植物料理之国，却容易忽视水果**

这个世界上总是存在一些惊人的反差，比如就植物类的食材来说，中国人毫无疑问是这方面的料理高手。这是我在向欧美朋友、非洲朋友，包括东南亚朋友解释完醋熘土豆丝的妙处之后，大家共同得出的结论。

在世界上的其他角落，再没有这样一群人能够像中国人这样，把植物食材的妙处发挥得如此淋漓尽致。不管是白灼菜心、干锅包菜，还是简单的西红柿炒鸡蛋，都把植物的最美一面呈现到了餐桌上。

即便是水果，我们也有办法让它们合理地融入餐桌，且不说黄蓉给洪七公做的樱桃酿肉好逑汤，单单是云南大理的酸木瓜炖鱼、广东的菠萝咕咾肉，就足以抓住老饕的肠胃了。

但是，与我们高明的烹饪方法形成鲜明反差的是：中国本土的水果品种在市场上一直没有成为绝对主角。且不说非洲来的西瓜，中亚来的甜瓜，美洲来的脐橙，单单是大家熟悉的大苹果，也是漂洋过海而来的。

纵观中国的水果摊，半壁江山以上都被外来水果占据。中国土生土长的水果，要么只是红火一时，比如清甜的枇杷和多汁的蜜桃，要么就蜷缩在角落之中，比如甜蜜的柿子和红枣。

究竟是什么原因，造成了这样巨大的反差？爱水果的中国人，为什么没有太多属于自己的原创水果？

在本书中，我将带领大家一起从植物学、历史、文化和经济等方面寻找根源。

# 春秋战国

—

投我以木瓜
报之以琼琚

# 中国水果的起源与认知

在中国现存最早的农业典籍《夏小正》中，对水果的描述只有寥寥数笔，其中只是记载了桃、李、梅、杏、枣、栗等水果。在中华文明的开端之时，就没有一种水果成为人们饮食的主力吗？这不是容易回答的问题。我们不妨将目光放到2000年前，看看秦汉之前的人们是如何看待水果的。

# 略显尴尬的水果原产地

投我以木瓜，报之以琼琚。匪报也，永以为好也！投我以木桃，报之以琼瑶。匪报也，永以为好也！投我以木李，报之以琼玖。匪报也，永以为好也！

——《国风·卫风·木瓜》

## 中国水果的起点到底在哪儿

中国是农业大国，历史上有很多记录农业生产的典籍。今天，我们要从相关的典籍和文学著作中来了解中国水果的起点。

古代著名的诗歌总集《诗经》中，不乏对水果的描写。其中最脍炙人口的诗句，当属“投我以木瓜，报之以琼琚”。很多人都把这个句子当作论据，想证明当时的木瓜是一种很珍贵的水果。试想，一个木瓜就能换来美玉，这木瓜的价值确实不低。但事实真的如此吗？

我在云南第一次尝到酸木瓜，是来自香格里拉的舍友和志平特意从家中带来的。我当时只有一个想法：这东西真的算水果吗？不是因为它好吃，而是因为太难吃了！通体金黄的果实，散发着苹果和柠檬混合的香气，让人垂涎欲滴。但下刀才发现，这果子并不容易对付，甚至可以说十分顽固。勉强切开后，迫不及待放进嘴里，得来的并不是乳酪扩散般的温润，而是如电流在舌尖跳动般的酸爽。10 秒钟之后，我在酸味和木瓜之间建立了条件反射。

木瓜从来就不是一种好吃的水果。这种看起来像缩小版的橄榄球的果子，自始至终也没有俘获中国人的胃。其果肉木质化严重，并不适于作为鲜果来食用，再加上其中丰富的酒石酸和苹果酸，使木瓜绝对不适合出现在果盘之中。

·木瓜·

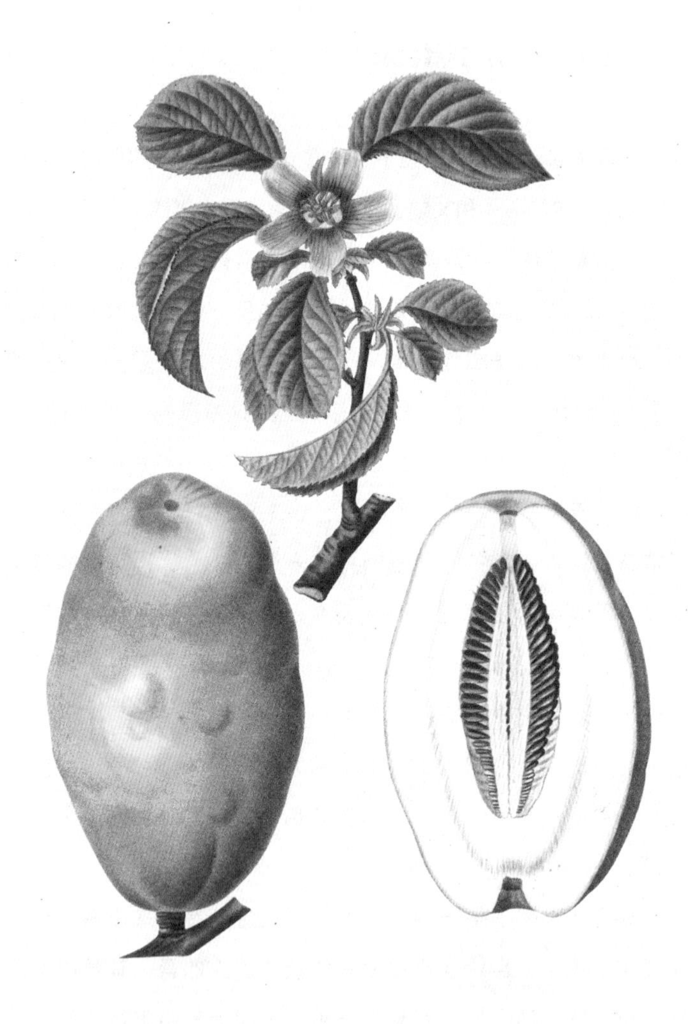

但是，毫无疑问，木瓜是一类广泛分布的植物，包括木瓜海棠、贴梗海棠、日本海棠的果实，都可以被称为木瓜。所以，木瓜作为一种常见的果实，出现在各种典籍之中。

我们不妨看完《诗经》的那个句子，“投我以木瓜，报之以琼琚。匪报也，永以为好也”，这只是一个“投桃报李”“你敬我一尺，我敬你一丈”的例子。木瓜和美玉，从来就不是等价交换的物件，而是一个芝麻与西瓜的隐喻。

我忽然反应过来，拿木瓜和琼琚做比较，并不是人们用美玉来映衬木瓜的身价。恰恰相反，这种对比，只是拿木瓜作为一种并不稀罕的物品的象征而已。再说得直白一点，对我们的祖先来说，木瓜是一种来自大自然的、不需要特别费力就可取食的物品，其地位并不高。

反过来思考，在这些诗句里，古人不用更常见的五谷与美玉类比，也只能说，水果在中国古代的地位，其实是远远不及可以为一粥一饭的粮食作物的。

## 中国人对水果有特殊偏好吗

中国人对水果的偏好，是不是很特殊？抑或根本不喜欢水果，造成了中国原生水果的特别处境呢？

纵观世界水果市场，评价一种好水果的标准无外乎“酸甜苦香”。这样的标准，几乎是放之四海而皆准的。虽说中国人的味觉偏好有一定的地域差异，比如“南人好甜，北人嗜咸”，但是在吃水果这件事上，追求“甜味”成为中国人选择水果的共同追求。

中国人对甜味的渴求，几乎达到无以复加的地步。从中国古人对荔枝的向往，到近来市场上一统天下的富士苹果，它们身上的共同标签就是“甜”。传统的莱阳梨、上海水蜜桃、新疆哈密瓜，都是以甜取胜，外来的番木瓜、番荔枝、番石榴更是如此。

实际上，在向往“甜味”这件事上，人类有共同的倾向和喜好，因为甜味通常代表了糖类物质，而糖类物质代表了人体所需要的能量。那些能提供更多能量的甜味水果，自然更多地受到人类的青睐。

对于味道的追求，不是区分中国和世界的界限。那是不是因为原生于中国的水果种类相当有限，造成了这种情况呢？

### 中国水果种类多不多

很多人认为，我们中国幅员辽阔，水果的种类一定也很多。但实际上，中国水果的种类并没有大家想象的那么丰富。日本植物学家田中长三郎对世界果树的种类进行过统计，全世界能够提供水果的植物，包括栽培种、野生种在内，共有 2792 种，而中国现有的果树物种大约有 670 种，算起来，连世界水果物种数量的 1/4 都不到。

这种情况，与中国所处的气候带以及中国人对水果的态度不无关系。虽然中国幅员辽阔，南北纬度跨度很大，但是大部分国土处于温带区域，只有少数处于热带和亚热带区域。而这些处于热带和亚热带区域的国土，也大多被高原和山脉占据着，加上喜马拉雅山脉的阻隔，印度洋暖湿气流无法到达中国内陆，使得中国几乎没有真正的热带雨林。

相对均一的气候类型，自然不适于多种类型果实的产生，造成了我们国家原生水果主要以温带和亚热带起源的种类为主，桃、李、梅、杏，加上柑橘和荔枝，就成为中国原生水果的主干。

这样看来，中国的水果形象被设定为一个被随意投出的木瓜，也就不值得奇怪了。但是问题来了，同样处于温带的欧洲，却孕育出了世界共享的经典水果——葡萄和西洋苹果。时至今日，这两种水果在水果界的地位，是桃、李、杏、梅所无法企及的。其中的原因，并不能用原生物种的多寡来解释。

## 中国缺乏好的水果品种吗

那么，是因为中国没有原生的甜味果子吗？当然不是。在长期的培育过程中，中国园丁确实筛选出了非常好的水果品种。

在中国众多的野生果树资源中，不乏与海外品种抗衡的佼佼者，比如一众梨家族的成员。但是长期以来，一些优秀的品种要么沉寂于山野，要么偏居一隅，成为地方性的品种。

比如，在新兴的一轮小浆果开发中，欧美的树莓和蓝莓异军突起，成为新兴的水果产品，身价和销量都令人艳羡。只是很少有人知道，中国也有这些水果的很多表亲。在大兴安岭生长的笃斯越橘和红豆越橘，就是蓝莓的表亲，而在我国南方的广大地域分布的悬钩子家族，更是拥有足以匹敌树莓的美妙滋味。

再比如猕猴桃，它是 20 世纪才发展起来的新兴水果，长期

·蓝莓·

以来都被认为是新西兰出产的水果。这种水果以“奇异果”的身份，帮助新西兰的果品企业“佳沛”在国际水果市场上攻城略地，出尽风头。但是直到近几年，很多朋友才知道，佳沛奇异果的老家居然在中国。中国几乎拥有所有的猕猴桃种质资源，其中极具商业价值的“美味猕猴桃”“中华猕猴桃”和“软枣猕猴桃”在中国都有分布，前两种更是中国独有的物种。

在唐代，中国人就把猕猴桃当作庭院绿植来栽种，但始终没有将这种植物变成水果。其中的原因可能是复杂的，但中国古人对水果功能的认识，极大地影响了中国水果的发展走向。在很早以前，勤劳、聪明的中国农夫就选育出了各种桃、柑橘、荔枝和龙眼，为后世水果产业的发展提供了重要的素材和基础。但同时，我们也应该看到，在今天的水果市场上，大多数优秀的柑橘品种来自欧美和日本，众多桃子品种的重要亲本，比如“久保”和“白凤水蜜桃”，也引自日本。中国拥有不少优秀的水果原种和选育水果的先发优势，但是水果的发展在近代止步不前，这与当时混乱的社会环境不无关系。

# 中国人对农作物的认识：实用至上

《山海经》是一部古老的奇书，记载了中国古代关于历史、草木、鸟兽、神话、宗教、地理等诸多方面的知识。

## 实用至上，一切都为了填饱肚子

中国古代第一部博物学著作《山海经》描述了很多具有奇异功能的果子。比如，吃了就能永不疲倦的“嘉果”，吃了就能漂在水里不会沉底的“沙棠”。然而，在整部书中，很少对水果的形态、香气和口味进行细致描述。比起口味，中国古人似乎更重视功效。

从作为食物的首要功用——果腹来说，大多数水果的成熟时间存在巨大的缺陷，只能锦上添花，不能雪中送炭。比如，在黄河流域生长的桃、李、杏的成熟时间，基本上与小米和小麦是同步的，或者是滞后的。换句话说，在小麦和小米成熟之前，如果劳动人民青黄不接、无米下锅，这些水果也并不能扛起拯救餐桌的大旗。

反倒是那些不是水果的植物果实变成了明星。比如，榆树的果实榆钱就是如此。虽然榆钱的供应时间非常有限，但是毫无疑问，它能填补一段关键的真空时期。每年 3 月至 4 月间，正是冬粮储备接近枯竭的时刻。这个时候出现的榆钱，能够提供部分碳水化合物，填饱古人咕咕叫的肚子，可谓雪中送炭。而桃子、李子和梅子，都还在成熟的路上。

更麻烦的是，这些果实的性能不堪大任，桃、李、杏、梅，包括柑橘的果实，显然不像苹果那样适于长期储存，更不用说“若离

·枣·

本枝，一日而色变，二日而香变，三日而味变”的荔枝了。

是否及时出现、是否能长期储存这两点，对于缺乏食物加工和储藏技术的古人来说，都是至关重要的，甚至可以说是性命攸关的大事。

榆钱是榆树的果实，因为长得像古代串起来的麻钱而得名

单论填饱肚子这件事，在强大的粮食面前，能抬起头的，大概只有大枣和板栗了。至少，帮助六国完成合纵大业的苏秦，在忽悠燕文侯的时候，曾经说道：“南有碣石、雁门之饶，北有枣栗之利，民虽不由田作，枣栗之实，足食于民矣。此所谓天府也。”燕文侯被说得都有些飘飘然，同意“举国相报”。

其实，只要稍微计算一下，就会发现这就是赤裸裸的骗局。要知道，即使在栽培和杂交技术大发展的今天，红枣的最高亩产量也不过 1000 千克。注意：鲜枣里面有 70% 以上都是水分，碳水化合物只占 20% 左右。也就是说，一亩红枣提供的碳水化合物不过 200 千克。而实际情况是，大枣的亩产量通常只有 200 千克左右，其提供的碳水化合物自然就更少了。对填饱肚子而言，比起五谷，再好的果实也仅仅是能锦上添花的配角。

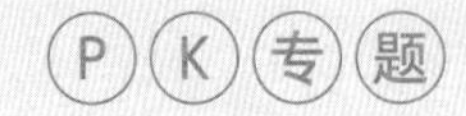


# 对待水果，古代中国与古代欧洲的不同

除了本土水果天然属性的限制，中国很早就进入了农耕社会，这也在很大程度上限制了水果的发展。

水果在欧洲担当的重任，在中国都拱手让给了粮食和蔬菜。中国人对农田和菜园的依恋远远大于果园，而农田和菜园的产出，又能满足人类的需求，水果自然就成了弃儿（被王公贵族当作尝鲜、消遣的对象是另外一回事）。

1995 年，山东大学考古研究所调查发现，山东省日照市的两个城镇在距今 4600 年前的新石器时代晚期，就可能开始酿造葡萄酒了。2004 年，中美考古学者又在河南贾湖遗址（距今 9000 年前的新石器时代早期）出土的陶片中，发现了与现代葡萄单宁酸成分相同的残留物，这说明中国可能是世界上最早酿造葡萄酒的国家。

不过，即便这些论断成真，也无法说明什么。在酿酒这件事上，东西方就走上了完全不同的道路。

西方的酒文化，显然是基于完美的酿酒水果——葡萄形成

《酒神巴克斯》，卡拉瓦乔创作于 1593 年。在罗马宗教中，巴克斯是葡萄与葡萄酒之神

的。虽然在中国也有大量的葡萄属植物，但是中国选择了粮食：一是因为中国本土并没有葡萄这样高糖分且自带酿酒酵母的果实；更重要的是，我们的祖先在很久之前，就掌握了粮食的糖化

和发酵工艺。利用微生物，把粮食籽粒中的淀粉转化成酿酒酵母，可以使用麦芽糖和葡萄糖，大大拓展了酿酒业的原料空间。

就在欧洲人还在努力培育高糖分的酿酒葡萄的时候，中国人已经可以把各种谷物变成美酒了。

至于水果的营养补充，那就更是微乎其微了，蔬菜种植的发展要远远领先于水果。在先秦时期，我们就已经形成了完整的蔬菜体系，菜园里的韭菜、菜瓜（薄皮甜瓜）、芜菁都已经是常见的种类了，还出现了国民蔬菜——葵（也叫冬寒菜和冬苋菜）。

就营养成分而言，蔬菜完全可以替代水果。水果能提供的水分、维生素、矿物质，蔬菜都能提供；水果欠缺的膳食纤维，蔬菜也能提供。水果在中国的尴尬地位就此确立了。

反倒是一直有着相对完善的畜牧条件，以牛排、奶酪等畜牧产品为食物的欧洲人，更需要从水果中补充足够的维生素 C 和膳食纤维等营养成分。在绝大多数时间里，中国人对于水果的依赖程度都要远远低于西方，即便是在文明开端的时候，也是如此。

## 枳和橘的尴尬论断

中国古人对于水果的漠然，还体现在一些经典的故事之中，比如被奉为智辩经典的“南橘北枳”的故事。

故事的大致内容是：齐人晏子出使楚国，楚王想给他一个下马威，大臣们想了一个损招。晏子到了楚国，楚王和晏子喝酒喝得正畅快的时候，两个官吏带着一个犯人走到他们面前，楚王问：“被捆的人是谁？”官吏答：“这个人犯了盗窃罪，是齐国人。”楚王说：“难道齐国人都喜欢做小偷吗？”面对不怀好意的质问，晏子对楚王讲出了这样的金句：“橘生淮南则为橘，生于淮北则为枳。”

这个流传千古的故事，看似完美地化解了晏子的尴尬，同时又给楚王挖了个坑。但实际上，不管是吃了哑巴亏的楚王，还是暗自得意的晏子，他们都错了。从现代科学来说，不管是树枝上的尖刺，还是叶片上的关节和翼叶，都明明白白地显示：橘和枳根本就不是一个物种，怎么可能因为改变地点，就互相转换了呢？

不过，有一个比较合理的解释是：原本嫁接在枳树根上的橘子树种在南方，在移栽到寒冷的北方后，上部的橘子芽和枝条都冻死了，但是耐寒的枳树根幸存了下来，结出了枳子果，于是出现了“南橘北枳”的现象。但是在古代，多数人并不会深究其原理，只看到“南橘变北枳”这个表面上物种的转变现象。

我敢保证，在当时，从来没有人想过，也从来没有人做的一件事，就是真的把橘子树移到淮北，或者把枳子树移到淮南。这

·枳·

山楂在古代被叫作“杬”，关于杬的记载可以追溯到 2000 年前，但是直到魏晋时期，它依然是烧火的木头。图为山楂果与山楂树枝

也从一个侧面说明，这样的移植尝试，对于当时的中国人而言并无价值。这种态度和认识与欧洲人发现新大陆之后迫切地将两地水果进行交换，形成了鲜明的对比。

附带说一句，山楂的经历就更为奇葩了。这个古名为“杬”的物种，在古代，竟然是以“薪炭林”的身份出现的。在《齐民要术》中，对山楂的描述是：“杬木易长，多种之为薪。”人们最初栽种山楂，仅仅是因为它的木材适于烧火煮饭。而它的果实，只是一个副产品而已。

囿于重农抑商思想的影响，中国古代真正重视的是种类不多的粮食作物，而不是那些具有鲜明个性的水果。虽然在很多地方，有很多人都努力把野果驯化成半野果，并且形成了特别的区域化品种，还编撰了《橘录》《荔枝谱》等关于水果的专著。但是，我们也应该看到，因为中国古代缺乏足够的商业流通，很多水果品种的后续发展受到了阻碍，实属遗憾。

# 重农抑商：<br>中国水果发展的羁绊

公元前356年，在秦孝公的支持下，商鞅变法开始了，这是一次对中国影响深远的变革。在经济上，商鞅推行的法令核心就是“重农抑商”。简单来说，就是全力保证基础的农业生产，同时严格限制工商业发展。在商鞅看来，农耕是一个国家的基础和基石，而那些追逐利润、倒买倒卖的商人，只是社会生产的细枝末节，甚至是吸吮百姓血汗的寄生虫。这种重农思想，完全否定了商业在社会发展中的作用和价值。

毫无疑问，这种重农抑商政策是适合当时秦国所处的战时环境的。对争霸天下的秦国而言，它需要大量的军需粮草，但当时的劳动生产效率比较低，因此需要大量劳动力从事农业生产活动。

此后，荀子、韩非子等都力挺重农思想，认为农耕才是国家的根基。这个想法到贾谊身上发展到了顶峰。

## 无法交易的水果

贾谊对货币的认识极大地限制了商业的发展。贾谊认为，种粮食才是真正的农业生产，种粮食比做任何事情都重要。不要说什么商品交换的价值，就连种果子、种菜，都是不务正业的杂事。只有种粮食，才是强国之本。这个理念，一直沿袭了将近 2000 年。从此，中国就在“男耕女织”的小农经济下艰难前行，对货币商品经济的排斥，最终让古老的中国在鸦片战争后的 100 年里尝尽了苦头。

水果，毫无疑问是特别需要商品交易的，因为它们既不好储存，也不是必需品。作为植物的果实，它们承担的使命就是保护和运输种子，好吃的桃子肉、美味的橘子瓤儿莫不如此。但是，适合种子生长的时间是有限的，如果在这有限的时间里没有找到合适的投送帮手，种子在很大程度上就失去了萌发和生长的可能。所以，就经济上而言，植物不可能投入巨量资源来维护果皮的正常功能。换句话说，果皮和果肉可使用的时间是有限的，过了这个时间段，果实就会腐烂，失去食用价值。

虽然不同的果实个性相差很大，比如像荔枝这样的急脾气，采后三日就不堪食用，但即便是皮实一点的柚子和梨，也无法长期储存，特别是忍受严寒天气的考验。至于说让很多蔬果在冬天得以保存的地窖技术，是在宋朝才出现的，那都是 1000 多年后的事情了。相对于那些可以在谷仓里存放经年的五谷，水果只是一年当中供人们尝鲜的过客。

在前面的文章中提到，无论是水分、维生素、矿物质，水果都与蔬菜半斤八两，而在膳食纤维方面更是处于劣势，即便是水果引以为傲的甜味，中国人也有办法用粮食来解决。相对于五谷粮食，水果是个可有可无的奢侈品，只有在交易中才能体现它们的价值。

### 对甜的渴求，不从水果中来

在战国时代，中国人就已经掌握了用谷物来制造饴糖的技术。所谓的“甘之如饴”，其中的“饴”，就是人工制造的麦芽糖。这种神奇的技术，也让水果没有了用武之地。

事实上，东西方的古文明，都曾经鼓捣出麦芽糖这种东西。对于早期人类来说，甜味儿并不是一个容易获得的滋味，除了蜜蜂收集的那点花蜜之外，通常只有植物果实中的果糖、蔗糖和葡萄糖的滋味。荔枝的甜、西瓜的甜、葡萄的甜都源于此。当然，这些甜味，只有在果实成熟的时候才能品尝到。

还好，自然界给人类留了后门，大麦、小麦和水稻这些谷物的籽粒在萌发的过程中，其中的淀粉会被分解，变成有甜味的物质——麦芽糖。

在古埃及，麦芽糖的归宿是变成啤酒，并且所有的麦芽糖都真正来自麦芽。在欧洲，原料的限制让欧洲人没能吃上麦芽糖，欧洲人真正吃上蔗糖，也是千年之后的事情了，所以水果依然是

描述古埃及酒文化的壁画。他们会将收集的大麦制成麦芽汁，倒入陶罐中发酵，最后制成啤酒

欧洲人品味甜蜜的重要来源。

但在这个时候，中国人发现麦芽糖可以作为甜味剂，在《礼记 · 内则》中，有“枣栗饴蜜以甘之”的记述，说明在春秋战国之时，饴糖（麦芽糖）就已经是很重要的甜味剂了。

把麦芽汁混合在蒸熟的大米饭之中，等麦芽汁中的淀粉酶把淀粉分解成麦芽糖，然后榨取混合着麦芽糖和水的汁液，再经过煎煮，就变成了麦芽糖。而且，麦芽糖制作简单，成本低廉，是王公贵族和平民百姓都可以享受到的甘甜。在麦芽糖的步步紧逼之下，中国的水果真的被逼到了角落之中。

让人们意想不到的是，水果种植的发展，代表的不仅仅是商业，还有帝国版图的扩张。

Ⅱ

# 秦汉

—

葡萄石榴西归
枣子充当粮食

## 版图扩大以及寒潮对水果的影响

中国何时成为一个国家？对这个问题，不同学者有不同的认识，但大部分朋友都认为秦始皇第一次统一了中国。但是，秦始皇统一的主要地域，仍然是黄河和长江流域。在秦始皇的治下，在中国的南端，控制局面的还是南越王。而秦始皇的餐桌上，常见的水果仍然是桃、李、梅、杏，以及枣子和板栗。从南而来的荔枝和柑橘，只是作为远方朝贡的贡品而已。

在西汉平定南越、修建灵渠后，中国才开始进入真正的大一统时期，随着版图的扩张，皇帝的水果篮也有了明显的变化。

# 版图扩大对水果的影响

汉武帝打败南越王后，想把枇杷、荔枝、柑橘等亚热带水果移植到长安，在上林苑中建筑了一座宫殿——“扶荔宫”。图为清代画家恽南田的《瓯香馆写生册》中的枇杷

## 扶荔宫：普天之下莫非王土

在西汉王朝征服了南越国之后，中国水果的格局出现了巨大的变化。以往只是作为朝贡礼物的荔枝、枇杷、柑橘这些异域水果，突然变成了帝国属地的乡土作物。既然是自家的物产，当然需要在帝国各个角落生根发芽，特别是在都城。

于是，皇帝决定尝试将这些岭南的亚热带水果移植到长安，开始修建利用温泉作为热源的温室，其中最为出名的就是扶荔宫了。毫无疑问，历次尝试都以失败告终。直到今天，在北方种植荔枝仍然存在巨大的困难，更不用提 2000 年前的汉代了。

但是，这不仅仅是一种对果实滋味的渴求。这种行为，与其说是一种炫耀和娱乐，不如说是一种宣示领土的行为，是对版图所有权的强调和展示：在帝国的版图之内，终于有了不一样的水果。只是囿于交通的限制，最初中央对地方的控制，并没有太多实际的获得。虽然灵渠的开凿，对于连接长江和珠江水系发挥了巨大作用，但直到隋炀帝开凿大运河，南北方的物流才真正通畅起来。而对水果来说，官道和驿站的建设才是保证流通的基础。经过历代的持续建设之后，才有了杨贵妃吃荔枝的物流基础。

就在征战南越的同时，汉王朝的版图也开始逐渐向西延伸。

·葡萄·

## 葡萄和石榴：帝国的交流和联系

张骞出使西域，极大地巩固了汉王朝的西北疆域。在随后与西域的交往过程中，使臣和将领们先后带回了西域的众多物产。其中就有影响我们今天生活的两种水果——葡萄和石榴。

葡萄的栽培和食用，一直都与西方文明捆绑在一起，但是对于中国来说，特别是对汉朝人来说，这种水果真是个新鲜东西。这些喜欢生长在温暖山坡上的藤蔓，是中原文明对外联系的一个见证。

葡萄，几乎就是为酿酒而生的，因为它们的果皮上就有丰富的酿酒酵母，再加上果肉中富含的葡萄糖、蔗糖和果糖，使得葡萄能毫无障碍地变身美酒。人们要做的，只是把它们捣碎榨汁，然后把汁水用橡木桶收集起来发酵。用葡萄酿制葡萄酒的历史，几乎与栽培葡萄的历史一样悠久。

公元前1400年，巴比伦国王就颁布了关于葡萄酒交易的法律。在西方，葡萄酒一直都是标准的贵族饮料，普通民众则更多饮用麦芽发酵的酒精饮料。到中世纪，葡萄酒作为耶稣受难的象征物，更是成为天主教、东正教圣餐的一部分。即使是那些禁酒的基督新教教徒，也用葡萄汁来代替葡萄酒。

虽然中国的野生葡萄属植物多达38种，但是并没有栽培葡萄。所以《诗经》中记载的葡萄，大抵都是些野生的种类。中国最早的葡萄，被认为是张骞出使西域后引入我国的，在随后的很长时间里，葡萄酒都是一种非常珍贵的饮料。只是，汉朝的一些酿酒尝试并没有大规模推广，因为此时中原的葡萄品种和葡萄酒酿造技术都远远没有完善。中国人真正接触葡萄酒，已经是唐朝以后的事情了。而葡萄酒被中国人广为接受，更是 21 世纪以后的事情了。



## 多子的石榴和东西方文化

石榴的栽培历史，可以追溯到青铜时代，在它们的原产地伊朗和巴尔干半岛，都有相关的文物出土。直到今天，伊朗的石榴仍然是世界上最好的石榴。因为味美多汁，石榴很快就在地球上扩展开来。

在埃及女法老哈特谢普苏特（约前 1508 年—前 1458 年）的陵墓中，考古学家发现了已经变成黑球的石榴，说明在不晚于公元前 1458 年，石榴就已经成为水果，出现在埃及贵族的餐桌之上。此外，在美索不达米亚的遗迹中，也有关于石榴的楔形文字记录，时间可以追溯到公元前 3 世纪。

与此同时，西班牙是石榴发展的一个中心。在这里，不仅涌现出大量新的石榴品种，更重要的是，在 16 世纪，石榴随着西班牙人的脚步，踏上了美洲大陆，并且在拉丁美洲找到了新的家园，与地中海区域气候相近的加利福尼亚州和亚利桑那州，更成为美国石榴的主产区。

张骞出使西域的时候，把石榴带回都城长安，后来在我国南北都有广泛栽培。石榴之所以在中国被接纳，一个重要的原因是：圆圆的石榴果的种子非常多，这符合“多子多福”的寓意，所以石榴作为祭品，也就不奇怪了。中国人如此钟爱石榴，就是

图为南宋鲁宗贵所画《吉祥多子图》。图中包括石榴、葡萄和橘子，它们在中国传统文化中均有吉祥的寓意

与石榴的这种构造有关系。

有趣的是，在西方传说中，石榴通常与一些邪恶和阴谋捆绑在一起。比如，在希腊神话中，石榴是从掌管春季植物的神阿多尼斯的血液中诞生的。而冥王哈迪斯诱惑珀耳塞福涅吃下了 6 颗石榴籽，让她不得不在一年中有 6 个月留在冥界。

还有很多犹太人相信，石榴就是伊甸园中的禁果。在希伯来版的《圣经》中，这种果子同时也被视为以色列之地特别的七种物产之一。

·石榴·

今天，葡萄和石榴已经不再神秘新奇，石榴甚至成为中华传统文化的一个组成部分。但是，翻看这些水果的传说，我们仍然能感受到文明交流和融合的力量。正是在吸纳了众多的水果素材且为我所用之后，中国的水果摊才逐渐丰富起来。而中华文明强大的同化能力，也在这个时候展现无遗。

## 寒冷时期，水果推动农业发展

汉朝的水果发展波澜不惊，除了继续推广大枣和板栗（广义上属于水果）之外，在北方几乎没有什么新鲜事。至于南方，也没有什么让人惊奇的事情发生，橘子、柚子和荔枝都只是作为皇家的特殊贡品送到长安。

当然，这些送到长安的果子还有多少可吃的地方，那就不得而知了。要知道，就当时的保鲜手段和运输条件，且不说荔枝，就算是把橘子完完整整地送到上千千米之外的都城，也不是一件简单的事情。

更重要的是，在这个时候，大家还在为一件事情而奋斗，那就是吃饱肚子。而这一切的根本原因是，天气变冷了。

## 枣子：缓解饥荒的神器

从东汉初年开始，温暖的气候结束了，整个中国东部都进入了低温状态。著名气象学家竺可桢先生在他的研究论文《中国近五千年来气候变迁的初步研究》中记述，在公元 4 世纪，低温达到了顶峰。那个时候的平均气温要比现在低 2℃ ~ 4℃，而且这种低温状态一直延续到了公元 6 世纪初才完全结束。

长时间的低温严寒，甚至逼迫北魏将都城由平城（今天的山西大同）迁到了洛阳。因为在公元 493 年，平城竟然已经成了一个“六月雨雪，风沙常起”的寒冷之地。

气温降低带来了一个非常大的麻烦，就是作物的生长期变短，农作物产量因此下降。气象史学家张家诚先生曾经测算过，在所有条件都保持不变的情况下，气温每下降 1℃，单位面积的粮食产量就将下降 10%。由于低温带来的作物减产，直接关系到当时的农业生产。

在当时，枣子仍然是北方水果种植的主力，在《齐民要术》中，排在最前面介绍的水果，就是枣。毫无疑问，枣子对于缓解饥荒，具有不可替代的作用。与其他水果相比，枣子的储藏性能无可匹敌，再加上丰富的糖分，俨然就是饥荒时的救命神器。

同样，在同时期的西亚地区，椰枣也被视为重要的水果。随意砍伐椰枣树是不可容忍的行为，古巴比伦的《汉谟拉比法典》

·椰枣·

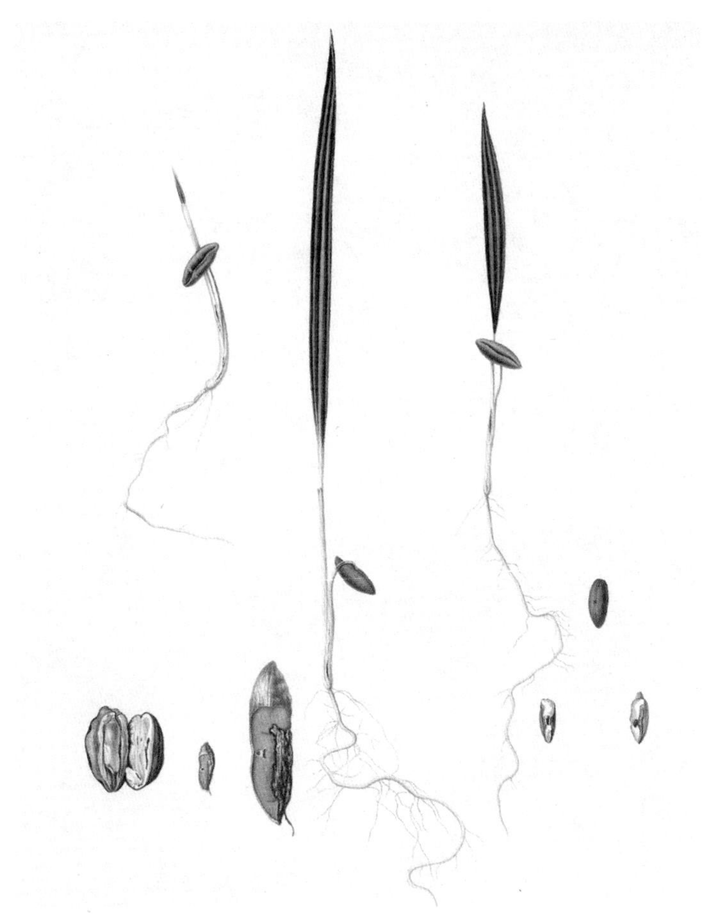

枣、青枣（滇刺枣）和椰枣是不同的植物，前两者属于鼠李科，后者属于棕榈科。椰枣树在伊拉克随处可见。椰枣营养价值极高，是当地人最喜爱的食品之一

中规定，谁要是砍了枣树，就要受重罚。这与中国当时推动的种枣植桑行为，何其相似。

不过，即使在这个时间段，水果也仍然只是人们生活中的救急物品，并不是嗜好品，也没有成为日常生活的普通食物。

Ⅲ

# 魏晋南北朝

—

甘蔗甜如蜜
蟠桃贺寿席

# 农耕技术的发展与中国文化

在经历了春秋时代的短期发展之后，从战国开始，重农抑商的阴影开始笼罩在中国水果发展的道路之上。虽然有皇家爱好的一些庇护，但中国水果的发展，只能更多地寄托于有情怀的种植者和农学家了。

当然，在很多中国人的努力之下，栽培水果的种类还是有了明显的变化。特别是梨和桃子的种类开始明显增多。在种植的时候，人们开始意识到，从种子来的幼苗，未必会跟母树一模一样。

# 农业技术的发展对水果的影响

在宗教禁欲思想的压力之下，古代欧洲关于性别的探讨和描述都被压制，人们一度认为植物是没有性别的。直到18世纪，卡尔·林奈创立以花朵结构——雌蕊和雄蕊为核心的植物分类学体系，这些压制才慢慢松动

## 压条、嫁接和区分雌雄

在战国和秦汉时期，中国人对植物的认识有了一次飞越。人们开始初步意识到：给果树传播花粉，会让果树结出更多的果实。这种辨别植物的雌雄，了解授粉的意义，对植物的种植和培育来说，毫无疑问是个巨大的进步。

除了对开花结果的认识进步了，在克隆繁殖方面，中国农业也有了巨大的飞越。人们发现，把果树枝条埋在土中，就可以长出新的根系，等小苗长得足够大之后，截断它们，就可以得到与母树一模一样的果树，并且结出的果子也是一模一样的。

除此以外，农学家还理解了枝条生长对开花结果的影响，于是出现了摘心的技术。并且，“种瓜得瓜，种豆得豆”的理论也开始萌芽。

古代中国的遗传学，也在这一时期极大地发展了起来。

贾思勰总结的“十梨八杜”就是遗传学的萌芽。他已经认识到，从梨树种子栽种出来的幼苗，并不一定会结出好吃的果子，更多的树苗成为结出酸涩果实的杜树（对野生梨树的通称）。用现代科学来解释，因为梨树是一种严格的异花授粉的植物，所以梨树的后代种子，一定是经过重新组合的新的个体，它们怎么可能跟原始的梨树一模一样呢？

要想解决这个问题，就只能用嫁接这个方法。今天，这种技

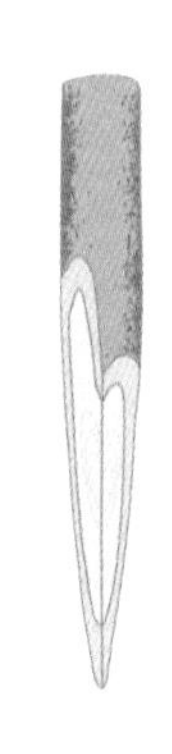
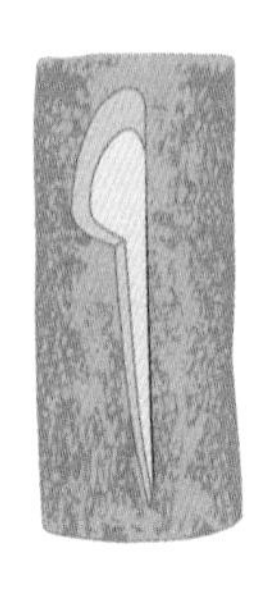
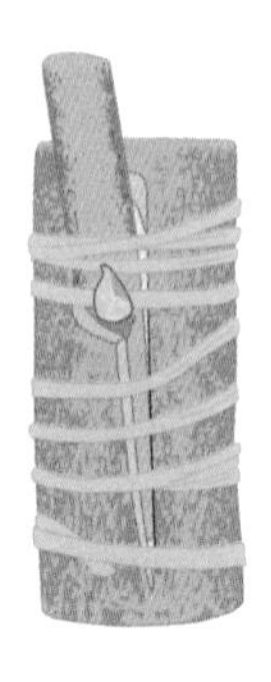

“插梨”就是最早的果树嫁接技术。当时的中国人意识到，如果一棵果树能结出好吃的水果，那么把它的枝条或者芽插入其他同类果树的枝干，等待它们与支撑的砧木融合长大，就能结出好吃的水果

术也被叫作“克隆”。而在《齐民要术》中，贾思勰特别把有关梨树培育的一章定名为“插梨”，足见他当时对有性繁殖（从种子栽种）和无性繁殖（嫁接）同梨果品种的关系，已经认识得相当清楚了。

这个理论，跟孟德尔当年从豌豆籽粒颜色和花朵颜色发现遗传学规律何其相似。我们不得不感慨中国人在 1500 年前就观察到了如此细节，比孟德尔早了足足 1300 年。

然而，遗憾的是，中国农学家的研究至此也就戛然而止了，并没有演化出现代的遗传学。究其根本，还是因为中国的农学家的使命，是让大家吃饱肚子，而不是深究植物生长在分子层面的原理。

这种“重技术，轻理论”的做法，极大影响了中国水果的走向。中国一切优秀的水果品种，更像是“挑选”更优秀的品种的结果，而不是“改变”水果品种的结果。

## 甘蔗来了：甜味记忆的改变

在魏晋南北朝时期，有一种甜蜜的作物试图笼络中国人的舌尖，它的名字就叫甘蔗。

事实上，能影响人类社会发展的植物并不多，甘蔗算得上其中的特例之一。大西洋上的贩奴船、牙买加的种植园、英国海军和加勒比海盗的战争大多与此有关。甘蔗堪称神物，其甜美滋味，真的是从舌尖改变了世界。但神奇的是，这种植物没能让古代中国人为之痴狂，更没有掀起巨变的浪潮，其中的原因究竟是什么呢？

甘蔗并不是一个物种，而是一堆物种的俗称。想要全面了解甘蔗家族，还得从甘蔗的家族史讲起。按照《中国植物志》的记载，甘蔗属（*Saccharum*）的种类只有8种，简直屈指可数。并且，甘蔗属真正的主力，大概只有热带种（甘蔗，*Saccharum officinarum*）、中国种（竹蔗，*Saccharum sinense*）、印度种（细秆甘蔗，*Saccharum barberi*）这三大主力，以及割手密（甜根子草，*Saccharum spontaneum*）这个强大的外援。

其实，甘蔗属植物的相貌差别不大，修长的茎秆分成数节，头顶的绿叶边缘快如利刃，硬硬的外皮，以及甜蜜的汁液。不同种类的区别就在于茎秆粗细、甜度高低、汁水和纤维多寡。

目前，研究者理出的甘蔗家谱是这样的——甘蔗热带种和割手密是最早的家长，而中国竹蔗是两者的爱情结晶。当然，这个结合发生在很久之前，久到很多学者目前对此还有异议。

18 世纪，西印度群岛收割甘蔗的场景

甘蔗（热带种）的科学插画

不管怎样，中国竹蔗几乎就是两个家长的折中结果。通常来说，热带种高产高糖、低纤维，蔗汁多且皮软，但是分蘖能力比较弱，同时容易感染病菌；而割手密呢，简直就是热带种的反面，根群发达，蔗汁少，高纤维，耐贫瘠，同时对一些疾病有抗性。

而中国竹蔗有来自甘蔗热带种的特点：甜蜜（含糖量较高），植株比较高大，汁水较多；也有来自割手密的特点：分蘖能力较强，纤维较粗，茎秆比较细。简直就是两个家长相加取平均值。

中国竹蔗的天然分布区在我国南部和印度北部，而我们国家最早种植的甘蔗就是中国竹蔗。虽然这种甘蔗纤维多、蜡层厚，不利于出糖澄清，但是有总比没有好。从汉代起，中国人就开始种植中国竹蔗，到唐朝中期完善了制糖技术。直到中华人民共和国成立之前，它都是国内甘蔗的主力品种，其中以广东、广西、云南三省为主要产地。与此同时，我们的邻邦印度主要栽种的是甘蔗热带种的拔地拉（Badila）品种，以及热带种和印度种之间的天然杂交种。

这种现象一直持续到 20 世纪初。英国人哈里森（Harrison）、博伊尔（Boyell）以及荷兰人索特韦德尔（Sotwedel）发现，甘蔗杂交种子可以萌发成小苗，于是，一场甘蔗家族的混乱风暴随之来袭。

荷兰育种学家提出了一种叫“高贵化”的甘蔗育种理论，就是用不同甘蔗属的野生种和栽培种作为副本，与高贵种母本进行杂交。所谓“高贵种”，就是甘蔗热带种。正如上文所说，这种甘蔗汁多味甜，皮软，纤维少，简直就是为产糖而生。我们要做的，只是把其他种类的优秀基因导入与高贵种产生的后代。于是甘蔗

从魏晋时期起，我国就出现了各种水果加工产品，与现在流行的烟熏乌梅、水果酵素、苹果干几乎并无二致

热带种成了一种“蔗尽可夫”的甘蔗。当然，这事都是在人类的“强迫”下进行的。高贵种欲哭无泪。

目前几乎所有的栽培甘蔗种类，都是由甘蔗热带种与两三个种反复杂交，产生的后代与热带种继续回交而成的。割手密、印度种都参与了与热带种的反复基因交流工作。如今，甘蔗热带种看到满世界甘蔗地里都是自己的后代，也算是一种慰藉吧。

略感遗憾的是，在这个高贵化的基因交流过程中，并没有中国竹蔗什么事。这突然让人感觉有几分伤感。

总之，在古代中国，人们并没有获得过优秀的甘蔗，那些甘蔗与后来的高贵化的甘蔗完全就不是一个东西，自然算不上完美的制糖原料。除此之外，想要尽情享受甘蔗的甜蜜，还有一个限制条件，那就是必须在甘蔗收割之后迅速进行加工。如若不然，甘蔗中的糖分就会分解发酵，其价值也就大打折扣。

所以，在唐朝中期之前，甘蔗在中国一直都不是饮食的重要组成部分。尽管在汉朝出现了蔗糖的加工产物——石蜜（甘蔗汁的浓缩品），但毕竟是小众的尝鲜物而已。这与当年欧洲人得到甘蔗之后的欣喜若狂，形成了鲜明对比。

中国人并不在乎甘蔗，还有另外一个原因，因为在蔗糖之前，中国人早就掌握了制造饴糖的技术。而且毫无疑问，饴糖更容易获取，更容易加工，甘蔗想要撼动饴糖的地位并不那么容易。就连极甜的甘蔗都是如此境遇，可以想见其他水果在提供“甜味”上，更出不了什么力。

## 并不美好的水果加工记忆

中国古代的加工水果，被突出的恰恰不是甜，而是酸，这点在梅子的身上体现得淋漓尽致。在魏晋时期，中国的酿造和调味事业已经有了蓬勃发展。比如，这个时候，已经有了各种酒和醋，但是对酸味的体验，仍然依赖天然的果品。长江中下游流域出产的梅子就成了理想的酸味调料来源。

在《齐民要术》中，贾思勰专门介绍了梅子和杏的区别。很简单，梅子就是酸的杏。好吧，在此之前，看来大家是杏梅不分的。

那个时候，梅子通常是作为“调料”和“口香糖”的角色出现的。因为在记述中，梅子通常会被捣碎，掺入各种肉酱（醢）

和综合调味料（八味齑），为菜肴增添风味，或者直接含在口中。这个时候的梅子加工，已经与现代的加工几无差别。那时候的梅子制品，除了有尽可能保持梅子本身味道的“蜜制梅”之外，还有增添特有风味的“烟熏乌梅”。

相对于正常的梅子加工，桃子的加工显得更为特殊。把完全成熟的落桃收集起来，放入瓮中发酵，等化汁之后，滤去那些无法溶解的物质。这跟现代流行一时的酵素如出一辙。

葡萄的加工本无可厚非，但是依然出乎我们的意料。葡萄的两种重要的保存方法是“蜜汁”和“荫坑储藏”：“蜜汁”是把去掉果蒂的葡萄放在油和蜜中煎煮后保存，“荫坑储藏”是把整串葡萄放入屋内的荫坑里储藏。让人意外的是，作为西方的酒神果子——葡萄，在此时的中国，并没有跟酒精发生任何关系。

值得注意的是，从中亚来到中国的绵苹果——柰，在当时还有一些特别的吃法，那就是被做成饮料干粉。把成熟的柰果去皮去核，在阳光下晒干，然后磨成粉，等需要吃的时候，用水调和成果浆，就可以享用了。这样奇葩的复原果汁做法，也是在储存技术不发达的古代，不得已而为之的产物吧。

看完这些记述之后，我完全无法相信贾思勰老爷子的舌头是正常的，抑或在当时的中国，这样看起来很怪异的水果制品，就足以满足大家的嘴巴和胃了。“久经战乱，难享甘甜”也许是一个看似合理的答案吧。

在柑橘方面，中国古人也创造性地发明了陈皮。这种加工过的柑橘皮储存性好，大大拓展了水果的用途。柑橘似乎还为种植者带来了一些新的商业机会，因为水果致富似乎成为可能。

### 栽杏树的医生和种橘子的商人

在这一时期，绝大多数的耕地都掌握在国家的手中。对于普通自耕农而言，种植果树仅仅是一个娱乐活动。虽然有人认为，当时的果树栽培已经成为一个产业，有人因为栽种柑橘等果树获利甚多，但仔细分析就会发现，这种获利，只是基于士族和地主阶层对土地的占有。比如，有两个很有名的故事，一是种橘子，二是种杏树，就能反映这一情况。

三国时期，东吴有一个叫李衡的人，“每欲治家，妻辄不听”，于是他偷偷安排人去山上种了上千棵柑橘树。这个脑回路多少有点清奇，妻子不让他管理家事，就跑去种树，真的太有想法了。临终的时候，他告诉儿子，我给你留下了一大堆木奴（橘子树），每年大概也能赚个一匹绢的钱，也够你吃了。到东吴末年，他曾经栽下的树已经成林，每年都可以得绢数千匹，家境因此富足得很。

总结起来，这个故事更应该叫“富老爹未雨绸缪，二世祖坐享其成”，而不像是一个经商成功的案例。

种橘子的传说，是诸多考证中应用最广泛的，但是并没有对“种橘子为何能致富”这件事做出详细的解释，我们也无法揣测。但是，我们可以从另外一个故事中，窥探一些细节，那就是“杏林春暖”的故事。

东汉末年，我国出现了三个有名的神医，史称“建安三神医”，

王戎，是魏晋时期“竹林七贤”中年龄最小的一位，非常聪慧，但是又极爱钱财，是中国历史上非常有名的一个吝啬鬼，留下了非常多的奇趣故事

分别是华佗、张仲景和董奉。其中，董奉隐居家乡，为乡邻看病，且不收取诊金，而是让治愈的病人，在他家的地里栽种杏树，小病栽一棵，大病栽五棵。等到杏树结果的时候，可以自己去采摘，带走杏子的时候，留下相应数量的谷物即可。

这样看起来，董奉还挺时髦的。无人看守的杏林，简直就是现代“无人值守超市”的原型。

但无论怎么看，董奉的这种行为，并非为商，毕竟中国古代的知识分子，更看重的是自己的清誉，而非既得利益。

当然，为了保护自己的既得利益，一些水果售卖者还是会花很多心思。比如，魏晋“竹林七贤”中，最小的一个叫王戎，

·杏·

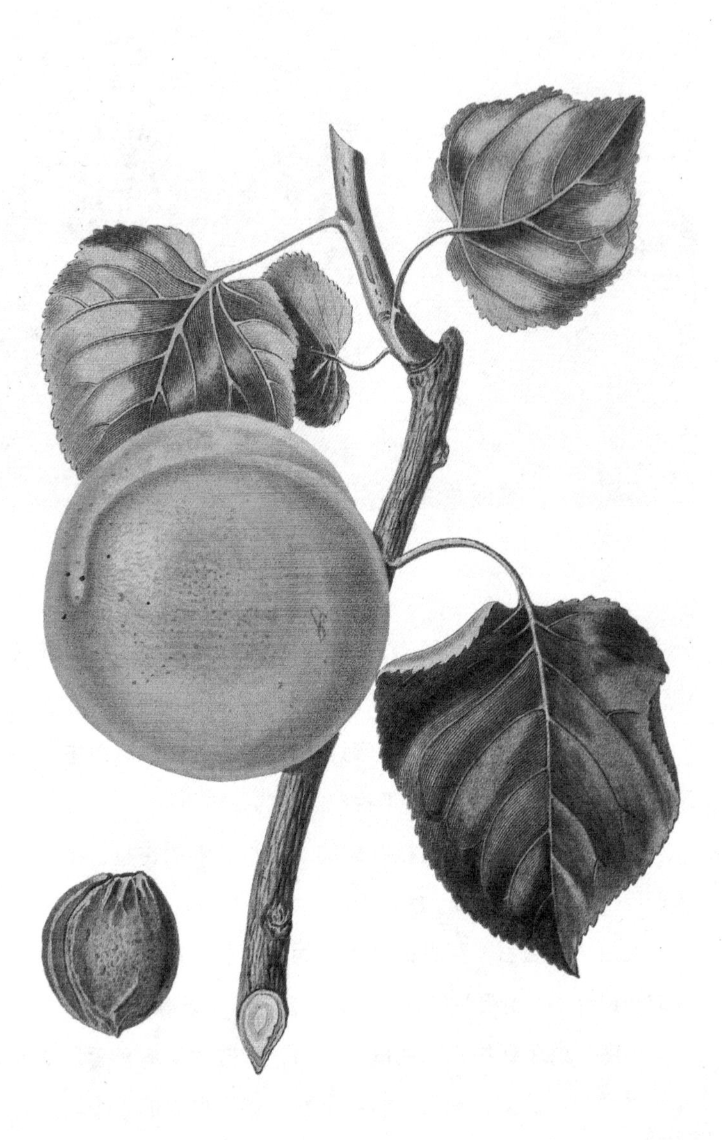

这哥们儿卖自己家种的李子时，会在李子核上钻孔，以免自己家的珍贵品种落入他人之手。

我们暂且不管这些打了洞的李子是如何保存，又不被买李子的人嫌弃的。他这种做法，确实已经有了商业竞争的意识，说明在世家大族之间，确实存在竞争。当然，我们今天知道，从种子种出来的实生苗并不会和母树一模一样，通常只会更糟，所以给李子核打孔的做法，几乎是没有意义的。

有意思的是，无论是“杏林春暖”的故事，还是“柑橘木奴”的故事，都没有提到卖钱的事情。杏子最终换来的是谷物，柑橘换来的是绢帛，这是为什么？其实这里有一个隐藏的问题：谷物和绢帛本身就是当时的货币。

从上述几个例子可以看到，虽然水果贸易一度出现，但这些经营充其量都是富贵人家的擦边经营，更像是一个锦上添花的行为，而非一个广泛存在的产业。当然，这与沿袭下来的重农思想有很大关系，普通人经商受到严格限制，能点灯的只有州官，能做生意的，也只有那些掌握权力的人。

专题

# 《齐民要术》为什么成书于战乱年代



在这一时期，中国出现了一本神书，任何研究中国古代农业的人，都无法回避的神书——《齐民要术》。

因为之前的农书《氾胜之书》和《四月民令》都已经失传，《齐民要术》就成了中国迄今可寻的最早、最完整的农书，也成为对后世影响最深的农学著作之一。

《齐民要术》为什么成书于北魏时期？这其实也值得思考：为什么在一个环境严酷、战乱频仍的年代，农业技术反而有了突破性的发展？

农业技术的进步，在很大程度上，是被生存状况倒逼出来的。试想一下，如果大家可以通过轻松地摘野果、捡鸟蛋，就能很好地生存下去，就会缺乏开发新技术的动力。这也就是为何在非洲和南美洲的很多丛林之中，依然有人维持着原始的生存方式。

生存状况倒逼形成的技术进步，反过来又会改变人类社会，在气候和生存条件好转的时候，这些技术理所应当地刺激了生产的迅猛发展，同时也刺激了人口的增长。恶劣环境造成的人口下降，更是为这种技术变革提供了丰富的实验场所，也就形成了更多的食物和物质财富，又进一步改变了人类的生活方式。周而复始，人类就在寻求技术变革的道路上一往无前了。

个头大不大，是古代中国人对水果的基本判断之一。在《齐民要术》中，着重介绍的水果通常都是个头大的，比如重达六斤的梨（“广都梨重六斤，数人分食之”）。在古代，这当然是因为在对水果的传统认知中，“个头大的果子对填饱肚子更有用”，仅此而已。至于果子的“色香味”倒在其次了。就如同《山海经》中记录的蔬果，更关键的信息是“忘忧安神”之类的实际效果。

其实，“色香味”这样的高级需求，只有当社会发展到一定程度之后，才会被激发出来。简而言之，即便“色香味”的品质再出色，如果这种水果不能满足商业的需求，也不会成为大众消费的产品。当然，这都是后话。

而在战乱年代，水果承担了“救荒”的重任，虽然不是重要的生活必需品，但是作为食物的重要组成部分，像枣、桃、梅、杏、梨和柑橘这样的水果栽培技术，还是发展了起来，也成为中国本土水果最基础的组成部分。而我们在今天认为是上品的樱桃，因为缺乏必要的热量和储存性能，只能淹没在果林之中了。

# 水果与中国文化

在之前的章节里，我们谈到了中国人对水果的看法和认识，聊到了“果不如菜，菜不如粮”的尴尬状态。但是，毫无疑问，有一些水果是深深植根于我们的文化体系当中的。比如，代表长寿的桃子和无处不在的梨，就是这样的符号化的水果。

中国人对于水果的认识，要么是要有具体含义，要么就是能满足舌尖的诉求。而桃子毫无疑问是前者的代表，而梨则是中国本土所产的最像水果的水果。但是，这些水果又是如何与中国人的想法融为一体的？这还得从中国人对生命和生命体验的独特需求说起。

## 炼丹的兴衰：中国人对生命的看法

在认识生命这件事上，中国人很早就接受了“黄老学说”。这与西方世界的生命观有着巨大的差异。

在西方世界，生命其实是穿梭在不同世界的精神和物质的结合体，不管是在古希腊，还是在耶稣基督的世界里，人类的生命都是有始有终的，在人间的时间结束之后，就会进入另外一个世界，或升入天堂，或坠入地狱。在西方文化中，死亡只是人类需要经历的一个环节，甚至是进入天堂极乐世界的必要环节。相对应地，“长生不老”从来都不是西方人追寻的核心目标。那些完全不死的生物，会被视为邪恶的化身，传说中永远保持青春美丽的女巫也从来不是什么善良角色。

然而，在世界另一端的中国古人，并不是这样认识生命的。在中国文化中，死亡就意味着与现实世界脱离了联系。即便是开天辟地的盘古，也有生命终结的一天，而生命终结之后，他就化为山川河海、草木日月，不再拥有自己的形体和生活。所谓尘归尘，土归土，就算是有投胎转世这个选项，那也是要用孟婆汤来重启的，前世今生几乎毫无瓜葛。

更为不同的是，在这个虚拟程序里，还有一个永世不得超生的十八层地狱模式。对于占有大量资源的贵族来说，这种设定显然是无法接受的。对于贵族来说，一直活下去，可以永享荣华富贵。

在中国传统文化中，桃经常与长寿联系在一起。图为《宋人画果老仙踪图》

对于平民来说，活着，至少可以避免十八层地狱这种麻烦。

以秦始皇派徐福求仙丹为标志，中国人对生命的延续充满了渴望，希望自己能在这个世界上永存。但毫无意外，所有寻找仙丹的努力都没有结果。如果这世界上没有一种天然的仙丹，那是不是可以人工合成呢？正是在这种思想的驱动下，中国古代的炼丹事业开始蓬勃发展。

**炼丹，不是做药**

有些时候，人们会把“炼丹”与“医药”混为一谈，这是一个错误的认识。虽然炼丹方士和医生都在鼓捣各种物质的配搭，但是医药的目的是治病救人，使用药物把病人从死亡线上抢救回来，通过不断的实践来解决实际的问题。而炼丹，有且只有一个目的——长生不死。

关于炼丹的理论基础，古代炼丹界的核心人物葛洪是这样叙述的，“夫金丹之为物，烧之愈久，变化愈妙；黄金入火，百炼不消，埋之，毕天不朽。服此二物，炼人身体，故能令人不老不死”。简单来说，就是“以形补形”的典型说法，看到黄金恒久远，于是想通过吃金子，获取长生不老的能力。然而，诡异的是，这些炼丹的人并不是拿黄金炼丹，而是用丹砂、水银混合冶炼，并希望炼出可以食用的金液。

这种做法，显然是徒劳无功的。在炼丹炉里，丹砂本来就变不成黄金，更不可能让人长生不老。即便如此，炼丹也不是想炼就能炼，毕竟各种条件都不是很容易具备的，那寻找一些

替代品，就成了解决方案。

## 水果也是一种仙丹

在炼丹人士看来，“神丹”和“金液”才是长生正道，至于其他的草本植物，都只是一些补充性的替代品，并不能达到真正的目的。当然，在缺乏炼丹设备和原料的人看来，一些神奇的草木蔬果，就成了重要的替代品，比如桃子。

“桃子”与“长寿”联系在一起的最早记载，出现在东方朔的《神异经》中，“东北有树焉，高五十丈，其叶长八尺、广四五尺，名曰桃。其子径三尺二寸，小狭核，食之令人知寿”。

据说，自此之后，桃子就成了长寿的象征。但问题是，在这个记述中，并没有强调吃了桃子就能长生不老。如果非要把“知寿”一词解释为“长生不老”，未免有些牵强。

那么，桃子为何会成为长寿的标志呢？

## 为什么是桃子

人们潜意识里会觉得，桃树的生长时间越长，结出的桃子就越好吃。实际上，桃树的寿命通常只有 20 ~ 30 年。10 年以上的桃树的产量就会逐步下降，因而桃园里的桃树需要不时更换。所以，桃树并不是一种可以长时间、持续性地提供食物的果树，更不会表现出长寿的特征。

中国野生桃树的分布区域很广：西北有甘肃桃、新疆桃；

华北有山桃，西南有光核桃。桃树家族的子孙遍布中华大地。在距今 8000 ～ 9000 年前的湖南临澧胡家屋场和距今 7000 年前的河姆渡等新石器时代的遗址中，都出土过桃核，这说明我们的祖先从那时就开始跟桃树打交道了。

中国人最初看待桃子，可能只是觉得这些植物的花好看而已，《诗经》中的记载是“桃之夭夭，灼灼其华”，那是桃花的形象。这里面最大的问题可能是：原始桃子的味道并不是很好。在桃的不同变种中，毛桃被认为是最原始的变种，之后演化出了硬肉桃，又出现了蜜桃和水蜜桃。

经常有朋友用齐景公“二桃杀三士”的故事，来说明桃子的珍贵，但是这种解读未必正确。恰如我之前分析的《诗经》中“木瓜”和“琼琚”的关系，这种用“不珍贵的东西”来反衬“对送礼人的珍视的心态”可能才是真正的用意。

桃子的天然地位不高，不仅仅在口味，更要命的是，桃子并不是一种适于储备的果子。如果说，我们的祖先笃信桃子有什么特殊作用，那就很难解释《神农本草经》只记载了“桃核仁”和“桃花”，并没有关于“桃子果肉”作用的论述。并且还把“桃花”和“桃仁”都列为下品，只是跟“打虫辟邪”之类的用途相关，跟延年益寿一点关系都没有。

那选择桃子作为长寿象征物的根本原因，究竟在哪里呢？

## 伤人的李子，养人的桃？

桃子与长寿关联在一起，大概与两件事情有关系：一是吃桃子比较安全，二是从“桃子能辟邪”引申出的含义。

我们经常说“桃养人，杏伤人，李子树下埋死人”，这种说法并非空穴来风。在三种果实中，桃子确实是最安分守己的。杏的问题，在于种仁中的氰化物含量较高，特别是苦杏仁中的氰化物含量更高。李子最大的问题，在于有可能会引起过敏。李子的蛋白质会引发种种症状，比如嘴唇刺痛、喉头水肿、呕吐，严重的甚至会引发呼吸困难，这些症状也让李子被人忌惮。

桃子最能惹麻烦的部位就是毛了。桃毛主要有两个作用：一是可以阻挡强烈的阳光照射，避免幼嫩的果实被灼伤；二是可以避免雨水的积存，保持果实的干爽。给动物找麻烦，真不在它的职责范围之内。只是，有些朋友的免疫系统太敏感，一接触桃毛就会瘙痒、起风团，严重的甚至会因为强烈的呼吸道过敏导致休克。但毕竟，因为桃毛中招的是少数，况且，桃子家族中还有完全没有毛的油桃。

对于油桃的记载，可以追溯到《诗经·魏风》中的“园有桃，其实之肴”。而关于油桃的记述，则最早出现在《齐民要术》中，在后来的《群芳谱》和《广群芳谱》中，将其记载为“李桃”，注释为“其皮光滑如李，一名光桃”。这从一个侧面说明，油桃的出现要晚于栽培桃，很可能是经过突变选育出现的品种或变种。

除了安分守己，桃子还有一些象征性的含义。在不同的传说中，桃子都有辟邪的功能。特别是在唐人徐坚的《初学记》卷二十八引《典术》中说：“桃者，五木之精也，故压伏邪气，制百鬼。故今人做桃符著门以压邪，此仙木也。”

·李子·

简单说就是，桃木有强大的辟邪能力，进而也能把这种能力传递给吃桃子的人。看到这里，我不得不佩服古人强大的演绎和脑补能力。

除此之外，古代还有很多关于桃树的神奇传说，汉代有一个传说，“度索山上有一棵盘曲三千里的大桃树”，至于《西游记》中的“三千年一开花，三千年一结果”的神奇蟠桃，则是对这种大桃充满想象和向往的演绎了。

这些传说和记载，暗合了关于“神丹、金液可以让人长生”的基本理念，因为大桃树生长时间长、寿命长，吃下这些东西之后，当然也能获得类似的能力，这不过是对炼丹术的又一个演绎罢了。

## 孔融让的为什么是梨

千万不要误会，在吃这件事上，中国的古人并不是只会追求一些形而上的东西，实际获得的感受和滋味也是很重要的。在中国土生土长的水果中，最被关注的水果就是梨了。

在中国，“孔融让梨”的故事家喻户晓，但有一个有趣的问题是：孔融让的为什么是梨，而不是苹果？

那是因为在那个时候的中国，没有苹果可以让。在孔融生活的时代，并没有我们今天在市场上常见的苹果，只有一种叫“柰”的果子，味道类似于山楂和苹果的结合体。

相对于苹果，中国的梨就有着更多的机会。全世界水果摊上的苹果，都是一个种，但是世界上梨的种类却数不胜数，甚至划分出了“东方梨”和“西方梨”两大阵营。实际上，植物分类学鼻祖林奈老先生，最初也把苹果放在“梨属”之中。后来，苹果才被放入新成立的“苹果属”。

虽然同为蔷薇科苹果亚科的水果，结构也类似，但是梨的家族要比苹果的家族复杂多了。植物学家在整理归类之后，缩编了种类，即使这样，也有 30 多个种，并且它们的势力范围横亘欧亚大陆，从东亚到中亚，到欧洲，再到北非，都有野生梨属植物的分布。



广泛的分布区域和纷杂的种类，让梨的家族更为丰富多彩。世界上所有的栽培苹果都是一个种，但就栽培中的东方梨来说，就至少有 4 个家族在超市的货架上，其中包括了白梨（*Pyrus bretschneideri*）、秋子梨（*Pyrus ussuriensis*）、砂梨（*Pyrus pyrifolia*）和新疆梨（*Pyrus sinkiangensis*）。

不管怎样，梨家族有着丰富的汁水和糖分，同时兼有爽脆或者细腻的口感，这些特点也与中国人的典型口味相适应。不好说是中国人选择了梨，还是梨家族塑造了中国人的口味。

中国的水果，就在这种实际效用和幻想神效的交互中，跌跌撞撞地发展着，逐渐被定义了不同的身份和文化。

### 冻过的秋子梨才是好梨

在我看来，在梨的 4 个家族中，对中国梨发展贡献最大的应该是秋子梨。把采摘后的秋子梨，放在零下 30℃ ~ 零下 20℃的冰天雪地之中，直到那些青黄的梨，变成黑乎乎的冰块。等吃的时候，用一盆凉开水浸泡，当这些冻梨吸收了凉水的热量，盆里的水变成稳定的冰水化合物的时候，敲开梨上的冰壳，咬开果皮，就能尝到冰凉爽口、又甜又脆的果肉了。

与秋子梨相比，白梨更符合中国人的舌尖需求，从京白梨到河北鸭梨、莱阳茌梨，再到砀山酥梨、赵州雪花梨，统统是白梨家族的成员。这个家族的特点是鲜食性好，直接从树上摘下来，擦擦灰土，就可以大嚼了。

很多年后，我才发现，黄澄澄的不一定是梨，梨也不一定就黄澄澄，比如下面这个家族就挺丑。砂梨家族的粗放，跟白梨家族的细皮嫩肉，形成了鲜明的对比。

在云南，我第一次碰见绿色的梨，我的第一反应是：这梨还没有熟，能好吃吗？咬下一口之后，我的所有疑虑都消散了，这家伙的口感，一点都不比黄澄澄的鸭梨差。

“以貌取人不可取”，这条原则在水果界同样适用。

比起外表青涩的云南宝珠梨，从东洋来的丰水梨外表就更抱歉了，但是在除去锈褐色的表皮之后，它们就能展现出甜美多汁的心。最近的研究表明，砂梨也参与了白梨的物种形成，所以白梨那些黄澄澄的外衣下面，可能潜藏着一颗褐绿色的心呢。

新疆梨皮薄水多，一上市就赢得了大众的喜爱。新疆梨表面不像鸭梨那样干爽，而是像涂了一层蜡一样。一度传闻是商贩为了保持新鲜，才给这种梨涂了蜡。实际上，所有的香梨表面都有这样的“滑腻”成分，主要成分是果实分泌的果胶等多糖物质。我们完全不用介意这层皮，如果实在不放心，削了皮吃一样爽快。

说到新疆梨，必须提一下它的异域祖先——西洋梨（*Pyrus communis*）。说来也奇怪，我对梨的最深印象，不是河北鸭梨，不是莱阳茌梨，也不是砀山酥梨，而是童年时吃过的一种软梨。很多年前，在我山西老家的市面上曾经流行过一种软梨，全然不像鸭梨那样脆爽，也不像冻梨那样只有汁水，倒是透出一种近似香蕉的软糯。后来我才知道，那竟然是一种西方梨品种——巴梨。

西方梨的培育，从开始就走上了一条与东方梨不同的道路。20 世纪初，西洋梨被引入我国的山东进行栽培，但是这种特殊的口感始终无法得到国人的认同，毕竟我们已经吃了 4000 多年的脆爽梨肉，对于这种梨很难建立起认同感。



### 苹果梨是苹果还是梨

有人说，市面上那种外形像苹果，内心像鸭梨的水果，是苹果和梨的爱情结晶，但实际上，这种嫁接说，不过是道听途说、以讹传讹的一种流言罢了。

正如之前所说，苹果最初确实被植物分类学鼻祖林奈老先生归入了梨属。后来，人们把苹果从梨属中单独拉出来，自立门户，也是因为二者不能嫁接在对方的枝条上。即使能嫁接，鸭梨的枝条上结出的仍然是鸭梨的果，并不会染上苹果的味道。再加上梨中有石细胞而苹果中没有这一差别，苹果和梨自然而然就被分成了两种不同的水果。

实际上，苹果梨就是一种梨。通过 DNA（脱氧核糖核酸）分析，已经基本确认了它同东北冻梨的原种——秋子梨的亲属关系。

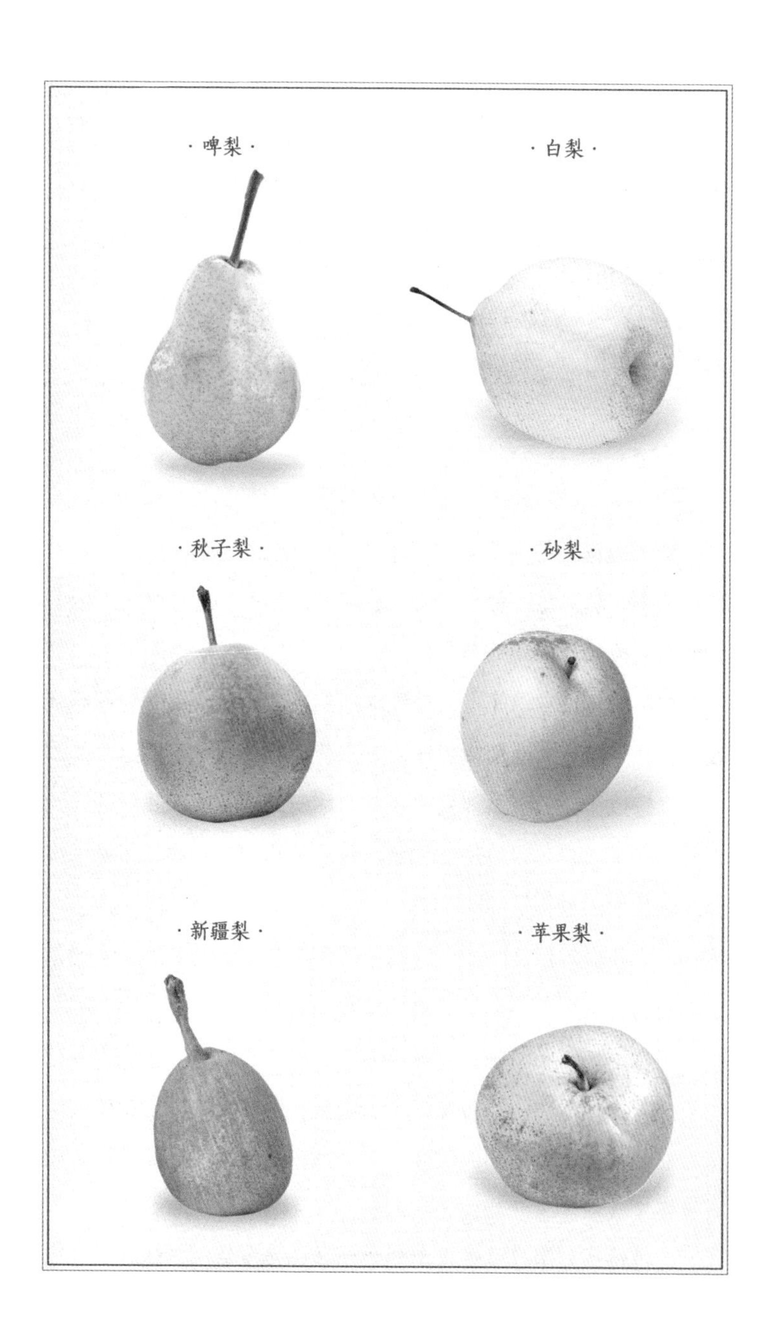
·啤梨·
·白梨·
·秋子梨·
·砂梨·
·新疆梨·
·苹果梨·

# 中国人的水果
## vs
# 西方人的水果



毫无疑问，在水果口味这件事上，东西方都有自己的标准。说到口味，其实每一种味道都代表了特定种类的化学物质，以及它们对人体的作用和功能。

在中国食物的口味中，最受欢迎的自然是甜味，因为甜味代表了蔗糖、果糖、葡萄糖等一众碳水化合物的味道，而这类物质是人类赖以为生的重要能量物质。对甜味的渴求，在我们的味觉体系中，被放在无以复加的位置。只要是甜味的食物，多多少少会刺激我们的进食欲望。

对于我们的舌头而言，苦味一直都不是友善的味道，这通常意味着有毒或者强刺激性等对机体有危害的物质。

相对于甜味和苦味，酸味更像是一种中性味道，不是很友好，也不是很有害，相对于苦味的严厉警告，酸味更像是老朋友的劝言。在果实成熟度不高的时候，酸味通常是果实的主要味道，只有等果实成熟，才会让位于甜味。

在传统认知中，中国水果的主要功能是重要的食物补充，而不是赏味的副食。这样的角色决定了中国人选择野果子的原则，就是最好能填饱肚子，越大越好，越甜越好。这是写在我们基因里的偏好。

相对来说，中国人对于苦味的警惕性会比较高，复旦大学现代人类学教育部重点实验室的李辉博士的研究证实了这个观点。中国人群与世界其他人群相比，在“TAS2R16”基因上出现了明显的变化，也就对苦味有了更为敏感的体验。这个改变出现在 5000 到 6000 年前，那正是从渔猎社会向农耕社会转变的关键时期。由于农作物带来的人口增长，田中的粮食很难满足所有人的需求，所有可以吃的植物都被列入了临时食谱，而那些对苦味敏感的超级味觉者能够更好地避开有毒植物，存活下来。

而在西方的食谱中，水果本身就是食物的重要组成部分，是重要的维生素、矿物质的来源，更是酒精的重要来源。但是，水果并不是主要的碳水化合物来源，这样就使得西方人对水果的甜味偏好并不明显。

东西方人对水果赏味标准的差异，最集中地表现在西柚这种水果上，这种被西方人爱到不行的“天堂之果”，在中国却只有很小的市场。

实际上，人类的口味会随着食物构成的变化而改变，今天的中国人已经习惯了咖啡的苦味，习惯了巧克力的苦味。在未来，对于水果的鉴赏标准也可能会发生改变。再加上发达的物流和国际贸易，各地饮食习惯的界限正逐渐模糊。世界各地的人的口味趋向统一已经是必然趋势。

# Ⅳ

# 唐

—

日啖荔枝三百颗
葡萄美酒夜光杯

# 中国古代的交通道路与饮酒文化

唐朝，是全体中国人都引以为豪的时代和王朝，不管是政治、经济，还是艺术、文化，都取得了举世瞩目的成就。毫不夸张地说，“大唐”和“盛世”这两个词，已经紧紧地捆绑在一起。

看待唐朝的发展视角众多，且不说唐诗、遣唐使、文成公主，单单是“葡萄美酒夜光杯”，就足以勾勒出大唐的强盛轮廓。在这一章，我们就用水果这个小小的元素为切入点，去一探大唐盛世背后的秘密。

# 杨贵妃的荔枝与古代的交通系统

大唐强盛的国力之下，催生了众多唯美的故事，杨贵妃和唐明皇的千古柔情，一直都是脍炙人口的经典爱情，而“一骑红尘”载来的荔枝，更显示了唐玄宗李隆基对杨贵妃的宠溺。

作为一个吃货而言，在这个传奇的故事中，我更关心的是：这荔枝到底是如何运来的？如果这些荔枝产自我们熟悉的广东、广西，要保证送到杨贵妃手上，不变成腐败变质的“打折果品”，是不是需要特殊的运输人员和方法呢？

## 杨贵妃的荔枝从哪里来

荔枝是土生土长的中国果树，直到今天，在中国云南、广西的山区中仍然有野生的荔枝树（*Litchi chinensis*）。早在公元前 1500 年，岭南居民就已经开始种植荔枝树了。算起来，荔枝也是人类世界中的水果元老了。

与此同时，荔枝也是世界上最娇气的水果，“一日而色变，二日而香变，三日而味变，四五日外，香色味尽去矣”。这样的变化速度，简直就是水果供应商的噩梦。杨贵妃的荔枝供应商，自然也会碰到这样的问题。

荔枝如此娇气，但它的外在形象，却比很多水果都要强悍——包裹全身的果皮，就像钢铁侠的战甲，上面的裂片，更是像极了古代武将胸前的护心镜，加上一身荔枝红，透露出的是一身杨门女将的英武之气。

这套“战甲”看起来是为了保护荔枝的美味而生的。然而，这些强大的外表，就真的是“表面强大”而已。那些“护心镜”似的裂片突起，看似可以提供额外的防护，但实际上，它们不仅很薄，而且其内部组织之间有很多空隙，很多宝贵的水分，都会借着这些空隙逃逸而去。同时，就算在水分逃逸这个危急时刻，果皮和果肉也不会团结起来，因为荔枝果肉和果皮之间，压根就没什么水分疏导组织，果肉会自顾自地皱缩起来。因为荔枝

·荔枝·

的果皮和果肉根本就不是一条心，并不像桃子的果皮和果肉是亲亲的一家子。

荔枝果皮之下鲜美多汁的果肉，其实是被称为“假种皮”的种子的附属物，跟桃子的果肉有着完全不同的身份，在植物结构上，等同于连接黄豆跟豆荚的那点白色组织。这当然跟果皮不是一伙的了。

不过，不齐心协力，还不是荔枝果实最大的问题。果皮内部的多酚氧化酶（PPO）和过氧化物酶（POD）才是“色变”和“味变”的元凶。这两种酶可以催化无色的多酚类物质，使其变为黑色的醌类物质（褐变作用），让荔枝迅速“红颜变黑脸”。

如果说，容颜上的转变，杨贵妃尚能接受，那味道的变化，估计连唐明皇也会觉得丢面子。这种味道的变化，与荔枝的“大喘气”行为有关系。

对，果实也是会喘气的，这种现象叫“呼吸作用”。

在这个过程中，果肉中的糖类物质会被迅速消耗，维生素C也会被牵连其中而迅速下降，同时还会产生一些气味不佳的醇醛类物质，味道自然就不好了。更夸张的是，荔枝的呼吸强度甚至可以达到苹果和梨的4倍，并且随着离开枝头的时间延长，荔枝的呼吸作用会越来越强。因此荔枝容易变味，就不难理解了。

呼吸强度大，这是荔枝的毛病，也是很多热带水果的毛病。在我的印象中，在20世纪80年代，北方的大部分人，唯一能接触的南方水果就是香蕉。即便是香蕉，也是父母托在铁路系统工作的朋友带来的。

在那个列车时速还不到80千米的时代，长距离运输娇嫩的热带水果，几乎是不可能完成的任务。还好，香蕉有一些适合长距离运输的特性，青涩的香蕉比较结实。怎么个结实程度呢？这样来说，生香蕉煮熟之后，很像土豆，大家可以想象，没有煮熟的香蕉有多硬了。再者，香蕉在采摘之后，还可以成熟，只要在送到目的地之后用乙烯一喷，在很短的时间内，青色的果实就会变成黄澄澄的、美味的大香蕉了。

事物都有两面性，乙烯可以帮助香蕉催熟，也可以加速熟果腐败。荔枝的臭毛病，就在于它不但会释放乙烯，而且释放量会越来越多，直到把自己催得“人老珠黄”、流水变味，乙烯的释放量才会下降。可是到那时，一切都晚了。



说到底，“天下武功，唯快不破”。尝鲜荔枝，就是一场与时间的竞赛。从 20 世纪 90 年代中期开始，在北京吃到新鲜荔枝，已经不是什么困难的事情。这要归功于中国日益发达的运输系统，覆盖全国的高速公路网，链接各个枢纽的高铁，以及越来越多的空中航线，让“日行千里”不再是梦想，水果运输也成为可能。也正因为如此，北方市场上，杧果、菠萝、番石榴才变得越来越多，越来越新鲜。

那么，在杨贵妃生活的年代里，有没有可能在果实变色、变味之前，把广东、广西的荔枝送到长安城呢？

## 道道道，古代的官道系统

运送荔枝，必然要依赖交通工具，唐代没有飞机和火车，水运又是一个极其缓慢且不靠谱的运输方式，那运荔枝就只有一个线路可供选择——陆路交通。

中国的道路建设始于舜。舜帝曾命令诸侯打通道路，但是这些所谓的连接九州的道路，大多是部落周边的一些短途交通小道，根本就构不成运输系统。真正的道路系统，出现在商周时期，特别是周朝灭商之后，迁都洛邑，于是在原来的都城镐京和洛邑之间修建了平坦的大道。这也是历史上第一条发挥重大作用的交通要道，史称“周道”。

到了秦汉时期，中国道路建设登上了一个新的高峰。而在同一时期的欧洲，古罗马人也在不断完善那些“条条通罗马”的大道。“要想富，先修路”，似乎东西方的智者同时想到了这个问题。但这些道路的建设，最重要的用途还是“传递军情”“调动军队”等军事用途。在秦朝时，精锐的骑兵从云阳林光宫（今天的陕西淳化）出发，只需要三天，就可以到达上千千米之外的阴山脚下，发起对匈奴的战斗。这在古代，绝对算得上是神速了。

除了控制北部边境的大道，联系东部、西部、西南、东南疆域的大道也被修建了起来，特别是穿越秦岭，经过汉中，到达成都的西南干线，让这个区域与帝国紧密地捆绑在了一起。

跨越秦岭的道路，必须要用一些特殊的修筑方式，比如在绝壁上修建栈道，甚至要开凿隧道。这对于没有任何炸药和爆破技术的古人来说，是十分困难的。别说开凿隧道，那个时候，就连清理一块挡道的巨石也很难实现。在面对这些困难的时候，古人会用一些特殊的方法，比如“火焚水激”，就是利用“热胀冷缩”的原理，让巨石开裂，以开凿道路。在这个基础上，古人又发展出了“火石法”，就是先用柴火炙烤石壁，迅速泼洒浓醋，如此交替进行来处理挡道的巨石，甚至用这种方法修筑了褒斜道上的石门。

即便是如此努力的古代工匠，终究也无法突破大山的阻隔，更不用说突破大江大河这样的天堑的限制了。我们暂且把路况放在一边，有一点可以确信：那就是连接两地的古代的道路，肯定比如今的高速公路的路程长。如今，从广州和南宁到西安的距离均超过 1600 千米。就算古代信差也只跑这样的距离，他们真的能在荔枝变味之前，跑完这段路程吗？



## 马马马，中原无好马

除了路程之外，我们还得看看唐代的马究竟能跑多快。按唐朝政府官方的规定，快马要求一天行 180 里左右，再快些则要求日行 300 里，最快的要求则为日驰 500 里。唐朝的一里相当于今天的 454.2 米，那么日行 500 里的快马，一天能跑 227.1 千米，跑到长安至少需要 7 天。而且，这个距离和时间，忽略了大量的高山、大川的阻隔。对此我深有感触。今天，我们从昆明出发到西双版纳，大概只需要 7 个小时，而在 20 年前，这个时间是两天。

同时，不管怎样，要维持这样的高速度，需要大量的优质马匹来配合，并且驿馆之间要做到无缝对接。但是，中华文明的核心区域并不产马，在这一区域，商代晚期之前的人类遗址中，没有发现过马的任何痕迹。直到商代晚期，才有马出现在中原地区。在中国传统的控制区域内，虽然也有一些特别的马种，比如蒙古

唐代韩幹绘制的《圉人呈马图》。汉唐时期，统治者屡征西域，除了维护边境安全之外，还有一个目标，就是获得足够优秀的马匹，以供给军队

马、河曲马，但是这些马通常是以耐力和驮物见长，并不是以速度见长。所以，在中国历史上的各个朝代，获得足够的优良马匹，就成了皇帝需要优先解决的国防大事。

在为贵妃运送荔枝这件事上，即便是皇帝能征集足够好的马匹，还有一件事我们也不能忽视——背在信差身上的，不大可能是一粒荔枝。如果只有一粒，杨贵妃也不干。所以，从荔枝的重量和路途的艰险来考虑，把荔枝从两广地区送到长安，几乎是个不可能完成的任务。

### 热热热，热出来的荔枝

这样看来，杨贵妃吃的荔枝，显然不是产自两广地区的，必定另有产地。这些荔枝可能来自临近长安的地方，很可能是从四川运送过去的。

在今天，这看起来不可思议，因为四川北部并不适合荔枝的种植。要知道，荔枝是一种对气温非常挑剔的水果。它的舒适生活环境需要冬季温暖、夏季高温，在秋后还要有一段相对凉爽、干燥的时间。符合荔枝生长的区域，只有北纬 18.5° ~ 22° 之间，这是今天荔枝的主要分布区间。不过在唐朝的时候，荔枝的生活空间要比今天看到的大得多。

唐朝的服饰，在中国历史上颇显特殊，特别是女性服饰的开放程度，达到了一个顶峰。很多学者尝试从文化融合和开放的角度来解释这一现象，本也无可厚非，但是这样的解释，显然忽略了一个最重要的因素——热。

在 7 世纪到 8 世纪中叶，整个欧亚大陆经历了一个相对温暖的时期。与之前魏晋时期的寒冷，形成了鲜明的对比。温暖，甚至略显炎热的气候，让唐朝盛世升平，也对唐朝服饰产生了巨大的影响。在这个时期，冬季的温度要比现今的温度高 0.5℃，长江中下游区域的平均气温甚至要比现在高 1℃ ~ 2℃。

这种变化，不仅会延长作物的生长期，也会带来更多的雨水。气候持续温暖，给农业生产带来了极大的好处，在温暖湿润的环境下，作物的产量得以保证，出现了丰衣足食的场面。更关键的是，持续温暖的天气，还会让作物的种植区域发生很大的变化。比如，在唐朝时，四川北部的黑水曾经是贡品柑橘的生产基地，而今天却并不适合柑橘生长了。

那么，在唐代，有没有可能把荔枝种在临近长安的地方呢？

其实，最早践行这个想法的人是汉武帝。在前面的章节里，我们曾经谈到过，在汉武帝攻破南越国之后，就曾经尝试把荔枝树引种到长安的温室，但是没有成功，并且还因此动怒，处死了一众看护荔枝树的园丁，甚至株连了园丁的家人。

毫无疑问，在汉武帝时期，长安城也是处于历史上的温暖期，但汉武帝在扶荔宫中没能完成荔枝北迁工程，以唐朝的技术水平，唐玄宗似乎也无法做到。

但是，有个地方可能是荔枝的产地，那就是临近陕西的四川。在历史上，荔枝分布的北限，一度达到今天的成都，这里到长安的距离，就只有两广区域到长安距离的一半左右了。

但即便荔枝产区就在四川北部，那要翻越秦岭，还需要长途跋涉，如何在运输过程中，保证荔枝不变质呢？

## 要竹筒，还是要花盆？

今天，我们已经习惯了用泡沫箱和冰块来包装生鲜，这些设备可以保证在运输过程中，果实一直处于冷凉状态，保持新鲜。然而，在没有这样的快递设备的古代，信使们又是如何为杨贵妃送上新鲜的荔枝的呢？

按照荔枝果实的个性，要想让荔枝保鲜，就需要让这些喜欢大喘气的果子冷静下来。方法主要就两种：一是降低果实的温度，二是减少果实与氧气的接触机会。

先说低温冷藏，这也是目前用得最多的保鲜方式之一，看看超市中荔枝下面的冰块，就知道低温对荔枝的保鲜作用有多好了。

速冻之后的荔枝，甚至可以在冷库中保鲜一年。

抑制氧气与荔枝接触，也能起到保鲜作用，但是并不能无限制地把氧气都换成二氧化碳。如果二氧化碳的浓度超过气体浓度的10%，荔枝就会中毒，果实内部的乙醇会大量积累。结果，吃到的荔枝就不是鲜甜味，而是酒糟味了。

即便有这么先进的储存技术，新鲜荔枝的储藏期限也徘徊在一个月左右。那杨贵妃的荔枝，是如何保鲜的呢？

那个时候，有一个保鲜方法就是用竹筒来装荔枝。把荔枝装在用刚砍下的竹子做成的竹筒里，然后用泥或蜡密封起来进行保鲜。这可能是民间流传最广的一种荔枝保鲜法，据说就是为运送杨贵妃喜好的荔枝而发明的。新鲜的竹筒含有一定的水分，可以为荔枝保湿，而竹子本身含有的天然抑菌成分，也可以起到一定的防腐作用，所以这种方法是有一定的可行性的。

考虑到秦岭栈道的运输难度，为了进一步缩短需要保鲜的距离和时间，降低运输难度，工匠们会把挑选好的荔枝树栽种在大木桶里面，精心呵护。等到果实即将成熟的时候，这些荔枝树就会启程前往长安。等到了需要翻越秦岭的时候，荔枝刚好成熟。这个时候，把荔枝采下来，封在竹筒当中，一日就可以送到长安，让杨贵妃尝到新鲜、甘甜的荔枝。

这样看来，唐明皇为了让杨贵妃吃上新鲜荔枝，不仅耗费了无数工匠的心血，还占用了宝贵的官道交通资源。无怪乎，杜牧老先生要作诗讽刺和批判了。

一颗荔枝的背后，承载的是帝国扩张和联系的投影，在众多工匠的努力下，终于让贵妃尝到了荔枝，更让整个帝国紧密地联系在一起。

### 娇气的荔枝，尴尬的龙眼

在大家都在努力运送荔枝的时候，比荔枝好处理的龙眼，反而是个尴尬的存在。荔枝和龙眼，是很亲近的表亲，从它们相似的果实上，就可以看出这种亲属关系。它们与栾树、各种槭，都是无患子科的植物。无患子，顾名思义，就是多子的意思。荔枝和龙眼还拥有同样的外壳，同样晶莹剔透的果肉，同样光滑的种子。但是，毫无疑问，龙眼一直都生活在荔枝的阴影之下。

在中国古代的记载中，对龙眼的描述，一直都是以荔枝为参照物和模板的。唐代刘恂的《岭表录异》中写道："龙眼之树如荔枝，叶小，壳青黄色……荔枝方过，龙眼即熟，南人谓之'荔枝奴'，以其常随于后也。"北宋的《本草图经》中这样记载："龙眼生南海山谷中，今闽、广、蜀道出荔枝处皆有之。"

毫无疑问，荔枝和龙眼都是中国原产的水果，但是相比荔枝的耀眼，龙眼只是个配角而已。相似的果实，为什么有这么大的差异呢？关键的原因就在于：中国传统龙眼的肉太薄了，吃起来不够痛快，让人觉得过于鸡肋。

制约龙眼发展的重要原因，还有育苗方式。实生苗栽培，是影响龙眼成长的一个关键因素。

对于荔枝和龙眼来说，"小核多肉"是大家都喜欢的特性。这种现象被称为"焦核"，表面的意思就是："龙眼核像被烧

·龙眼·

焦的炭头，变得小之又小。”显然，这些果子不是被烤箱影响的。真正发生这种状况的原因，就是种子发育不良。然而，龙眼的“焦核”完全不能发芽生长，这就大大限制了龙眼的育成。再加上古人对蔬菜的重视程度远高于水果，因此龙眼无法发展起来，也就成了理所当然的事情了。

相对于肉厚而经济价值更高的荔枝，龙眼也只能哀叹“既生瑜，何生亮”了。

# 唐朝的饮酒文化和葡萄酒酿制

毫无疑问，唐朝是中国古代发展的鼎盛时期。这不是因为唐朝的生产和技术发展到了古代中国的顶点，而是因为从唐朝开始，在接下来的1000多年时间里，中国的发展一直居于世界前列。世界发展的中心，也从西方转换到了东方。在这个时间段，中国有了更多与外界交流的机会，也聚拢了大量的人才。

有趣的是，在唐朝，中国的水果并没有典型的跨步发展，除了荔枝这种当时的网红水果，其他水果，像桃、李、梅、杏，并没有特殊的技术和跨越式的品种产生，大枣仍然是重要的粮果，猕猴桃仍旧是“中庭井栏上，一架猕猴桃”的观赏状态。由张骞主导的物种大输入，似乎已经停滞了。水果生产技术的停滞不前和水果加工途径的缺乏，是背后的主要问题。

## 葡萄美酒夜光杯：文化的吸纳

虽然说，在西汉的张骞出使西域后，葡萄就已经被引进中国，但是葡萄酒的加工，在中国一直都没有被普及，葡萄在汉代通常作为果品鲜食。因为产量有限，这些葡萄压根儿也进入不了民间，最多也就是皇帝赏赐给大臣们尝尝鲜而已。对酿制葡萄酒而言，更重要的是，当时的中国根本就没有合适的酿酒葡萄和酿酒酵母。这到底是怎么回事呢？

随着新的葡萄品种的吸纳和引进，在唐朝逐渐发展起了葡萄酒加工业，这与从 2010 年开始，在中国兴起的一股自酿葡萄酒的风潮十分相似。酿制的过程颇有中国特色——把从市场上买来的葡萄洗干净，晾干，稍稍压碎，然后把适量葡萄放入事先准备好的玻璃罐子里，放入一层冰糖，再放入葡萄，再放入一层冰糖，如是重复，直到装满，最后加入高度白酒。这样酿出的葡萄酒，更像是浸泡多时的药酒或者梅子酒，与西方人喜欢的葡萄酒完全不是一个概念。

我第一次在舅舅家喝到这种奇怪的“葡萄酒”的时候，不禁联想到在唐朝，也许大家会遇到这样的困惑：这到底是葡萄酒，还是带有葡萄风味的高度白酒？只不过，唐朝兄弟的手里面，并没有高度白酒。

## 葡萄酒酿制的两个条件

其实，用高度白酒泡葡萄这种中国式的“葡萄酒酿制”，忽略了葡萄酒酿制的两个重要条件——葡萄品种和酿酒酵母。

今天，我们在水果市场上能够买到的葡萄，都是为鲜食培养的葡萄品种。当年张骞带回来的葡萄多半也是这样的鲜食品种。直到唐太宗大破高昌之后，才带回了适合酿酒的马乳葡萄和酿酒方法。

酿酒葡萄和鲜食葡萄并没有多少交集。今天世界上的酿酒葡萄，主要集中在几个品种，特别是以“赤霞珠”和“西拉”为代表的红葡萄酒品种，以及以“霞多丽”和“雷司令”为代表的白葡萄酒品种。但是，汉朝人显然并不了解，不是所有的葡萄都能酿酒，一如千年后的众多中国消费者。



通常来说，酿酒葡萄的糖分比鲜食葡萄高。别兴奋得太早，这些葡萄中，也可能混杂着各种有机酸，同时还有比较充足的单宁类物质。正是这些物质，为不同的葡萄酒增添了特殊的风味。但是，这些东西掺杂在一起，直接吃，就好像直接喝一口大厨调好的糖醋汁，不仅感受不到食物的美好，甚至还可能对糖醋味产生厌恶的感觉。但是显然，这个锅不应该由糖醋汁来背。

还有一点，葡萄的风味物质，通常集中在果皮当中，而酿酒葡萄恰恰就是粒小皮多，如果你吃过原种的“玫瑰香”就知道，那种感觉类似于嗑瓜子。这显然不符合鲜食需求。正因为欠缺好的酿酒葡萄，所以直到唐朝，葡萄酒一直是西域的贡品。

如果说，好的酿酒葡萄品种不易获得，那么酿酒酵母的养成

·鲜食葡萄·

·酿酒葡萄·

我们平常吃的葡萄是鲜食葡萄，而酿酒用的葡萄是酿酒葡萄

就更复杂了。决定葡萄酒成败的酿酒酵母，由三类组成：一是在葡萄皮上生存的酵母，二是在土壤和空气环境中存在的酵母，三是在发酵葡萄汁中出现的酵母。

在这三类酵母中，生活在葡萄皮上的酵母对于葡萄酒的最终风味影响很大。

再者，在葡萄酒的发酵过程中，还有很多主要产生香气的酵母，它们甚至不参与酒精的产生。这些酵母发酵产生的各种芳香类物质，更是葡萄酒独具魅力的关键。然而，罗马不是一天建成的，好的酵母系统也不是一两年就可以筛选出来的。这也是只有多年种植和经营的葡萄园，才能酿出好酒的原因。

显然，在唐朝，零星的葡萄引入，特别是以种子形式的引入，并不足以在短时间内形成足够好的微生物环境。即便获得了高昌的酿酒方法，也只是形似而已。



时至今日，在葡萄酒工业中，虽然已经发展出各种工业化的酵母，但是这样的酿造工艺只能让葡萄糖变成酒精，葡萄的香气和灵魂已然不在其中了。

## 唐朝的酒真绿

酿酒技术的发展，以及在家鼓捣葡萄酒的热情，使唐朝人的酒有了比较大的发展。唐朝制曲、糖化和发酵工艺，都有了很大的进步，特别是在制备酒曲的方法上有了很大的改进。那时，他们使用的是小麦制成的酒曲。

酒曲看起来很神秘，但原理却很简单，就是把大米中的淀粉变成可以被酿酒酵母利用的简单糖分，这个过程叫作“糖化”。这个过程在我们每天吃米饭的时候都会发生，仔细地咀嚼白米饭，就会有甜味产生，那其实是我们唾液中的淀粉酶发挥了作用，把大米变成了甜味的麦芽糖。

从这幅南宋人所画，以唐代十八学士为内容的《春宴图卷》局部，可以看见大唐名臣们的樽前醉态、恋酒狂情

在世界上的一些地方，存在一种口嚼酒，是在缺乏酒曲的情况下，用人的嘴巴实现糖化的过程。虽然酿出来的酒的味道相差无多，但喝起来总归是有点心理障碍的。

唐朝的酒都是甜的，这是因为酿酒酵母的能力，还有酿造师傅都还在打怪升级中，缺乏强力的酵母，让发酵停滞在糖化阶段，并没有更多地向酒精转化。这是唐朝酒的通病。虽然在唐朝后期，随着工艺的进步，酒精度得到了很大的改善，但终究脱不了甜口。时至今日，陕西的一些地方仍然保留着这样的酿制工艺，像醪糟一样甜甜的桂花稠酒，就是唐朝人的主要佳酿。

比起甜味，唐朝米酒还有一个重要特征——大多是绿色的。这也是因为在发酵过程中，不能有效地控制微生物群落导致的。“灯红酒绿”一词，也正是由此而来。在接下来的时间里，酿造的工艺逐步提升，酒的颜色也就向琥珀色转变了。“绿酒”只是唐代米酒的一个缩影而已。

# 饮子：在茶的光环笼罩下的中国饮料



如果说，水果在酿酒方面出现了障碍，那是不是可以在其他方面，产生自己的价值呢？比如，做成果汁或者饮料。

实际上，在唐朝，除了烹茶的方法空前发展，其他相关饮料的制作也有明显的进步。我们今天所喝的“王老吉”“酸梅汤”大多起源于此。只不过，那个时候，这些饮料有一个统一的名字，叫“饮子”。

所谓的饮子，最初并不是一种平常喝的饮料，因为就配方来看，这些被称为“汤”或者“熟水”的东西，更像是治病的药汤。《本草图经》中如是记载：“今甘草有数种，以坚实断理者为佳。其轻虚纵理及细韧者不堪，惟货汤家用之。”可以看出，在当时，甘草是饮子的主料，这种有着甘甜滋味的药草，至今还被用来泡水作为日常饮品。

甘草很早就被当作药物的配料，出现在我国的各种药方之中。《神农本草经》是这样描述甘草的：“主五脏六府寒热邪气，坚筋骨，长肌肉，倍力，金创尰，解毒，久服轻身延年。”

甘草简直就是无所不能的仙草。《本草纲目》中更是提到，“诸药中甘草为君”。甘草不仅能解毒、止咳、镇痛，甚至能中和其他药物的毒性，按照这种说法，简直就是神草。

很遗憾的是，甘草并没有过多的神效，更麻烦的是，过多摄入甘草成分会危害人体健康。有多项实验结果显示，甘草甜素具有类肾上腺皮质激素的作用。简单来说，甘草甜素可以让我们的肾脏保留更多的水和钠，这本来是身体保持盐水平衡的一项措施，但如果盐和水过多地潴留在我们体内，将会引起低钾血症、高血压等一系列病症。也就是说，如果把甘草当作日常的茶饮来饮用，很可能喝出高血压。

不仅如此，甘草甜素同很多药物也存在配伍禁忌。比如，服用阿司匹林会刺激肠胃，而甘草甜素的存在会加重这种刺激，甚至诱发严重的溃疡。再比如，甘草甜素会抑制降糖药的作用，因为甘草甜素会拮抗抑制降糖药的有效成分，不仅达不到降低血糖的作用，甚至会加重病情。

这些都是后话。

毫无疑问的是，在唐朝，饮用以甘草为主要成分的饮子，一度成为风尚。李昉在《太平广记》中引用《玉堂闲话》是这样描述唐朝的饮子摊的：“长安完盛日，有一家于西市卖饮子。用寻常之药，不过数味，亦不闲方脉，无问是何疾苦，百文售一服。千种之疾，入口而愈。常于宽宅中，置大锅镬，日夜锉斫煎煮，给之不暇。人无远近，皆来取之，门市骈罗，喧阗京国，至有赍金守门，五七日间，未获给付者，获利甚极。”

那时的饮子，简单来说，就是作为一种预防性的、半药半饮料性质的饮品。到宋朝，饮子变成了汤。这点在很多涉及宋代的文学作品中多有显现，比如在《水浒传》中，宋江酒醉之后就要喝醒酒汤。在宋代，陈元靓的《事林广记》中记载的汤品异常繁多，木瓜汤、缩砂汤、无尘汤、荔枝汤、木樨汤、香苏汤、橙汤、桂花汤、湿木瓜汤、乌梅汤都是当时的常见汤品。

在治病饮子和汤的基础上，那时的社会还演化出了冷饮。在周密的《武林旧事》中记录的冷饮有“甘豆汤、椰子酒、豆水儿、鹿梨浆、卤梅水、姜蜜水、木瓜汁、茶水、沉香水、荔枝膏水、苦水、金橘团、雪泡缩脾饮、梅花酒、香薷饮、五菱大顺散、紫苏饮”等。这些汤的主要功能，更偏重于消暑解渴。

到后来，饮汤逐渐成为宋朝人生活的一个组成部分，而且有了固定的习俗。一般来说，饮茶和饮汤都是在饮酒之后，而且饮汤还要在饮茶之后。汤上桌之后，就意味着筵席结束，该送客了。再后来就变成了一种礼仪，上茶就意味着留客，上汤就是送客。

有趣的是，当宋朝的饮汤习俗传入辽国之后，为了表明与宋朝的不同，饮茶和饮汤的顺序也做了调整，变成了先饮汤，后饮茶。这种“闹别扭”的情形，其实也出现在西方关于“禁果”的争论之中，苹果、无花果、香橼、石榴等都曾经成为禁果，而一方教派的禁果，可能恰恰是敌对教派的“圣果”。文化对于饮食习惯的影响，在世界各地都有发生。

## 进士及第，樱桃上宴

值得注意的是，唐代时，之前一度不被重视的樱桃开始被世人重视。不是因为当时的樱桃好吃到了极点，而是因为面子的需求。

与外来的车厘子（欧洲甜樱桃）不同，中国樱桃是土生土长的水果，但是在唐朝以前很少被人重视，那是因为这些果子极不好种植，也不好保存和运输，基本上属于水果界的奢侈品。

中国传统的樱桃是皮薄肉软的中国樱桃，这种水果在中国有非常久远的历史。中国樱桃最早的记载出现在周代《礼记·月令》中。虽说栽培历史悠久，但中国樱桃自始至终都不是大宗水果，供应期短，柔软的果肉不易储存和运输是它们的软肋，更不要提樱桃树难栽种了。

在中国，樱桃还在水果圈当配角的时候，它的那些欧洲表兄已经开始大张旗鼓地发展起来。早在公元前 72 年，罗马的史官就记录了从波斯带回并栽培樱桃的事。除了有迷人的外表之外，欧洲甜樱桃的身板也不错，较为紧实的果肉经得起长途运输的折腾，单凭这点，就比只能树下尝鲜的中国樱桃强百倍。

今天在市场上常见的甜樱，绝大部分是欧洲甜樱桃。它们的老家都在欧洲、西亚和北非。这些地方培育出的品种已成为目前市场上鲜食品种的主力，跟华夏大地没能搭界。

但是，唐朝的帝王们就好樱桃，还邀请群臣来品尝樱桃。更有意思的是，樱桃的成熟时间，恰逢进士科考放榜的时候。按照

·欧洲甜樱桃·

当时的风俗，新进士及第需要开“樱桃宴”，这多半也是上行下效的结果。

在对待樱桃这件事上，水果成为彰显身份的物件。这种影响，一直延续到了今天。在不同的场合，不同的人群所吃的水果，在某种程度上代表了提供者的社会地位和经济能力。

总体来说，虽然唐朝的综合国力有了长足发展，但是水果的脚步停滞不前。倒是进入宋朝之后，随着政治、经济中心的南移，南方水果有了新的发展。

# 宋

—

## 蔬菜大步发展
## 柑橘有了家谱

## 城市化与蔬菜交易，催熟和保存技术

宋朝，是中国历史上科学技术发展的巅峰时期。这个时期，中国的农耕技术有了长足进步，各种手工业和相关的商业也得到了发展，出现了像沈括这样的顶尖科学家，整理出了《梦溪笔谈》这样闪耀着智慧光芒的古代科技著作。然而，蓬勃的技术发展并没有像西方的文艺复兴那样，把中国带入社会发展的全新阶段，在连年的战争中，国家逐渐耗尽了积累起来的发展动力。

随着北宋王朝的衰落，中国的政治、经济中心开始南移，江南和岭南区域成为更接近中心的区域。也就在这个时期，柑橘、荔枝以及制糖业都蓬勃发展了起来。然而，新的水果却没能纳入生产范畴，这些都与当时的生产环境有关。

# 蔬菜交易与城市发展

宋代的农产品交易，发展到了一个全新的高度，因为有大量城市居民出现，城市变成了蔬菜的消费中心，自耕自种已变得不可能满足需求。于是，在南宋都城临安形成了产销中心，当地的民谚曾这样说："东门菜，西门水，南门柴，北门米。"并且还有记载说，自东门外放眼望去，全都是菜地，根本就没有民居。这显然是专业的蔬菜栽培生意了。

在蔬菜的发展上，中国继续沿袭了"本土培育"和"引进推广"两条腿走路的做法，并且都取得了不小的进展。两种重要的蔬菜发展了起来，一是白菜，二是菠菜。在寒冷天气的推动下，新的蔬菜培育征程也开始了，这也进一步强化了蔬菜在中国饮食中的地位。

## “百菜之王”的衰落

白菜出现之前，在国内蔬菜界一直居于统治地位的是葵，它也被称为“百菜之王”。古诗《长歌行》中有这样的诗句：“青青园中葵，朝露待日晞。”描述的就是葵。这种蔬菜的花朵和叶子，都像极了我们今天看到的蜀葵。在唐朝之前，葵一直都是非常重要的蔬菜，到今天仍然以“冬寒菜”和“冬苋菜”的名字出现在中国南方人的餐桌之上。只是，随着唐代晚期气候变冷，喜欢温暖生长环境的葵，逐渐失去了北方的容身之所。

对于葵来说，更大的挑战来自白菜，这种在性能上完全碾压葵的蔬菜，在宋朝开始出现了。其实，从公元3世纪（魏晋南北朝时期）开始，白菜的祖先就出现在中国人的餐桌之上，只不过这种叫“菘”的植物，在当时只是个溜边的小角色。

今天，我们在市场上还能看到一些原始“菘”的形象，比如塌棵菜。这种菜之所以叫塌棵菜，是因为它的菜叶都是散开生长的，一如我们今天看到的“小油菜”。它的叶子散开的样子，又像菊花的花瓣，所以也有“菊花菜”这个称谓。

至于“菘”这个名字的来历，据说是源于它在寒冬之中的坚毅品格。这种定论，显然是高估了白菜的祖先抗霜冻的能力。最初出现的“菘”，只是在长江中下游种植，那时气候尚且算是温和。

到了宋朝，“菘”的品种已经十分丰富了，有叶片宽大甘美的“牛肚菘”，有叶片又圆又大的“白菘”，还有味道微苦的“紫菘”。不过，我们今天经常见到的、层层包叠的白菜，当时还没有出现。不过，这些品种的出现，已经让“菘”在中国蔬菜界的地位有了巨大的变化，基本上可以与曾经的葵匹敌了。

当然，葵所面对的竞争对手，不仅仅是白菜，还有菠菜。有一种说法是：张骞出使西域时，把菠菜带回了中国。但是，张骞可能真没有干这件事。如今学界公认的传播路径是：菠菜先由波斯传入印度，之后，大约在公元 647 年，才经尼泊尔传入中国。最开始来到中国的时候，菠菜的名字还是“菠薐菜”，这大概跟印度人对菠菜的叫法有关。改名叫菠菜，大概要到明朝之后了。

不管怎么说，菠菜都是对中国蔬菜的一个重要补充。这种藜科植物生性耐寒，每到深秋时节，众多草木已经枯黄时，菠菜仍旧能为我们提供肥厚翠绿的叶片。在初冬时节，菠菜也是最常见的一种蔬菜，就这个特性而言，葵就更没有存在的意义了。

既然连“百菜之王”都被拿下，新兴的蔬菜自然发展得更为迅猛了。正如在前面的章节曾经提到的，蔬菜对中国人的营养供给远远超过水果，这点在后来的发展中，并没有发生改变，反而被一步一步强化了。但是，这不代表中国的水果就没有机会了，毕竟这块土地还是很多水果的老家。

宋朝画家许迪的《野蔬草虫图》描绘了当时的白菜

专题

# 柑橘家族混乱八卦史

提到橘子，你的第一反应一定是酸甜吧，但柑橘家族的口味，可绝不止这一种。追根溯源，绝对可以让我们对柑橘家族的生物多样性有充分的认识。

宋

整个柑橘家族都起源于喜马拉雅地区，我国云南的西南部、印度的阿萨姆地区以及相邻的区域是起源的中心区域。也就是说，世界上所有柑橘类水果的根都在这座著名的山脉脚下。

在距今 800 万年前的中生代晚期，地球上的气候又跟地球上的生物开了个玩笑。来自海洋的季风戛然而止，与先前温暖湿润的气候完全不同——干旱时代到来了。今天，我们在各种柑橘植物身上，还能看到一些为干旱环境准备的特征——肉乎乎的叶片表面覆盖着致密的表皮，这显然与它们今天生活的湿润环境格格不入，倒是与那些生活在戈壁中的植物有几分相仿。于是，在这样的特殊环境下，柑橘属植物，特别是橘子和柚子的祖先开始了自己的征程。也正是这次远征，为中国带来了丰富的柑橘植物资源。

柑橘的祖先走下喜马拉雅山麓之后，最先产生自己个性的，是“莽山野橘”和“宜昌橙”。注意，它们跟橘子和橙子没有什么关系，就像是两个跑偏的远房兄弟。

到了距今600万年前，在一队向西扩展的柑橘中，产生了皮厚肉少的“香橼”，而向南的行进路线上出现了“柚子”，向东的路线上出现了“小花大翼橙”和“金柑”。

柑橘们一路向南，以东南亚的诸多岛屿为跳板，一路“拼杀”到了澳大利亚。在距今400万年前，来到澳大利亚的柑橘家族的成员们摇身一变，变出了像指头一样细长的“澳洲指橙”。它们的果肉像极了鱼子酱，但是风味上还是酸溜溜的柑橘味。如今，澳洲指橙是火了，但是指橙的两个兄弟，圆乎乎、表面皱皱巴巴的“澳洲来檬”和“澳洲沙地橘”却仍旧默默无闻。

在距今200万年的时候，柑橘家最最重要的物种在中国出现了，那就是“宽皮橘”（*Citrus reticulata*）。皮好剥、味道甜的宽皮橘一出现，就注定成为柑橘家族未来商品化的核心。市场上的柑橘类水果，可以跟柚子和香橼都没什么瓜葛，但多少和宽皮橘有关系。

随着干旱的持续，海平面下降，宽皮橘的小弟“立花橘”顺利通过露出地面的台湾海峡，进入我国台湾。就这样，柑橘家族的原生种类，完成了在地球上的初步扩张。

在接下来的故事中，莽山野橘和宜昌橙蜗居深山，澳大利亚的柑橘家族也去自娱自乐了，金柑偶尔跟兄弟姐妹们发生一些联系。真正唱主角的，仍然是柑橘家的三大元老——柚子、香橼和宽皮橘。

在纷繁的柑橘家族中，要按辈分来排座次，还真不是一件容易的事情。因为不同的柑橘属植物很容易产生杂交后代，而且后代通常来说还都挺好吃。在柑橘大家庭中，谁是爷爷，谁是孙子，还真就是个问题。

通过形态学和分子生物学的分析，按照辈分来说，柚子可以算整个栽培柑橘家族的老祖母。并且，柚子老祖母对孩子身材的影响非常大。有研究发现，柚子的遗传成分占得越多，个头就越大，橘橙、甜橙、葡萄柚、柚子，按个头从小到大排队，就是这个规则的外在表现。

至于橙子，就没有那么明确了。橙子分为“酸橙”和“甜橙”，在之前的分类系统中，曾经有学者把“甜橙”塞进了酸橙家，合并成了一个物种。但是，这种做法是不对的，在最新的研究中发现，这种合并就是人为的扭曲行为，酸橙和甜橙根本就不是一家子，它们有完全不同的身世。

酸橙是柚子和宽皮橘的直接后代，柚子是妈，宽皮橘是爸爸。对甜橙来说，柚子依然是妈，但是父亲就很混乱了。另外，可以肯定的是，柚子妈和橘子爸的“私生子”，在研究中被定义为早期“杂柑”。

在之前的研究中，大家都认为是“橙子”和“香橼”结合产生了“柠檬”。准确来说，市场上常见的甜橙，压根儿就没有跟香橼发生过关系，真正与香橼结合的，其实是酸橙。并且酸橙和香橼杂交出了一大堆后代，包括“黎檬”和“粗柠檬”，只是这两个类似柠檬的物种不大出镜而已。

看着酸橙的丰富生活，甜橙当然也不甘寂寞，它找到了柚子，

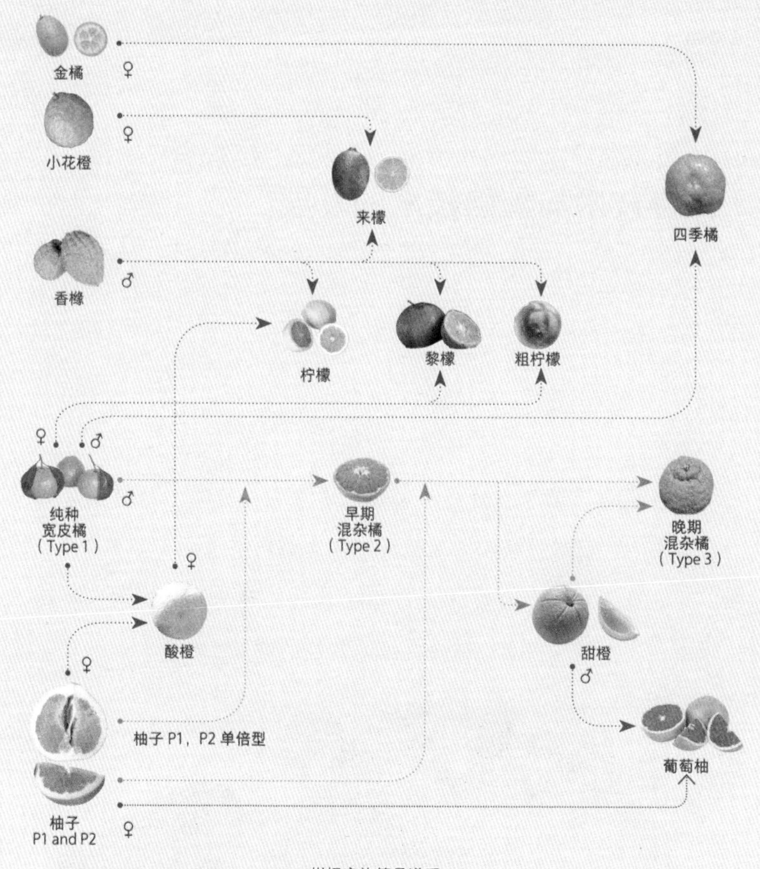


柑橘家族简易谱系

只为当一个爸爸，它们的“爱情结晶”就是葡萄柚，因为葡萄柚有更多的来自柚子的遗传基因，所以葡萄柚的个头也比橙子老爸要大很多。正所谓“爸矮矮一个，妈矮矮一家”，这个中国谚语在这里不无道理。

中国的柑橘生产，其实是占了天时地利，在宋代发展出完整的柑橘产业，甚至出现了记录柑橘生产的专著《橘谱》。

# 保存技术与催熟技术的发展

在宋朝，关于水果的加工工艺有了新的发展，蔡襄的《荔枝谱》中，对荔枝的加工工艺有了很多新的论述。

在这本书中，蔡襄不仅介绍了荔枝品种的差异优劣、种植方法，还介绍了商品流通状况以及荔枝的深加工技术。

荔枝干由鲜荔枝加工而成，历史悠久。据说这样做成的荔枝产品，一度远销到阿拉伯半岛

### 荔枝制品和金橘保存技术

说起来，在唐宋时期，对荔枝描述的专著并不鲜见，然而蔡襄的《荔枝谱》却更为独特。蔡襄勤奋好学，在 18 岁的时候就考取了进士。作为什么都吃的福建人，蔡襄当然也是天生具有吃货属性。当时的中原人，大多只知道荔枝是岭南和巴蜀的产物，蔡襄对此极为不忿，一定要向大家介绍自己家乡的荔枝，于是写出了一本《荔枝谱》。

值得注意的是，《荔枝谱》中专门有一篇讲述了荔枝的储藏加工方法。毫无疑问，荔枝的保存，直到今天仍然是个大问题。我们在前面的章节中已经讨论过，因为本身娇贵，荔枝的保存并不是一个简单的问题。在低温设备和运输设备都不是很发达的宋代，要想跨区域运输新鲜荔枝，并不比杨贵妃那时候容易。于是，解决这个问题的办法，就是进行荔枝的深加工：红盐、白晒和蜜煎，是当时处理荔枝的三个重要方法。

所谓红盐，就是用盐渍梅子和扶桑花调制成红色的浆水，然后把荔枝泡进去，在阳光下晒干，这样就可以存放三四年。白晒的方法就简单了，就一个做法——晒，晒到硬硬的为止，然后就入缸封存，一定要封存百日，否则很容易腐坏。至于蜜煎，就跟我们今天做蜜饯的方法差不多，把荔枝剥好，把汁液都挤掉，然后泡在蜜糖里，显然就是一种蜜渍荔枝甜品。

· 金橘 ·

不管是上述哪种方法，最终得到的荔枝，早已丧失了本来的味道。这样的产品也大多销往那些对荔枝充满幻想但又无法直接取食荔枝的地方。

在宋代，人们对于新鲜果品的储存有了新的认识。大家都在试图延长果品的储存时间，除了之前介绍的荔枝外，针对其他水果也取得了良好的成果，最典型的就要数金橘了。北宋仁宗时期，温成皇后特别爱吃这种果子，于是导致果价飙升。后来，有人用绿豆埋藏金橘，获得了不错的保存效果。当时的解释是，“柑橘性热，绿豆性凉”，所以可以保存。以现代的眼光看，这个说法并不准确，但是绿豆具有一定的吸收水分的能力，同时绿豆皮中还有像单宁这样的抗菌物质，确实能在一定程度上对抗侵蚀柑橘的微生物。

对古代人而言，“让果实长时间储存”自然是一个挑战，同时“让果实快速成熟”，其实也是难题，而且并不见得比前一个好解决。比如，吃柿子时最大的困扰，是直接从树上摘下来的柿子没办法吃，必须经过后熟脱涩过程。宋代人已经会用榠楂和榅桲催熟柿子，这些都是在实践中获得的经验。

很遗憾的是，这些经验也一直都是经验，并没有被刨根究底。就像中国古代的很多发明一样，水果保鲜加工的经验并没有导致现代科学的诞生，反而成了后者的绊脚石。

# Ⅵ

# 明清

—

榴梿杧果难带回
猕猴桃反而出走

## 难以为继的远洋探索与闭关锁国政策

中国的明清时代，是封建社会由盛而衰的时期。虽然明朝初年，有郑和下西洋这样的壮举，但之后的许多年间，明朝和清朝都奉行“闭关锁国”政策，与外界保持隔离状态。随着西方国家资本主义的快速发展，中国慢慢被甩在后面。接着，随着鸦片战争一声炮响，近代中国的国门被迫打开了。

中国的水果，也同中国社会一样，经历了毫无交流到被迫交流的转变，番姓水果大肆入侵，使苹果逐渐成为中国水果市场的主流，而猕猴桃等物种也被植物猎人带到国外，并发扬光大。

# 郑和为什么没有带回新水果

1405 年的冬天，越南的占城港口仍然十分炎热。一支庞大的舰队从地平线上缓缓地露了出来，当地居民以敬畏的心情，打量着这支前所未见的船队，这些庞然大物与破烂的码头形成鲜明对比。在船队中，最大的宝船船身长达 138 米，宽约 56 米。这就是郑和率领的巨大的船队，一支在人类之前的历史中从未出现的庞大船队。

在随后将近 30 年里，郑和的船队的航线，连接起了太平洋和印度洋上的诸多重要港口、城镇，从越南到马来西亚，从印度到索马里，从马六甲到亚丁湾，这支庞大的船队，一直在辽阔的海洋上来来去去。

但奇怪的是，我们在所有的记述和文献中，只能看到大明王朝的国力展示，而船队所到之处的丰富水果物产——印度的杧果、马来西亚的榴梿、印尼的山竹，似乎都被郑和的船队忽视了。这支庞大的船队似乎什么也没有为我们带回来。这是为什么呢？

## 郑和为大明帝国带回了长颈鹿

郑和这个船队的使命，众说纷纭，有一种说法是为了寻找在政变中失踪的建文帝，毕竟对于从侄子手中夺得政权的朱棣来说，一个潜在的威胁总是让人不能安心。但是，这毕竟是一个没有任何官方记载的野史传说。

在正式的记载中，郑和下西洋，促进了明王朝与亚洲和非洲国家的交流，促进了睦邻友好发展，并且打通了东西方交流的诸多航线。各国都派出使节，携带奇珍异宝，来到大明帝国朝贡，一度形成了“四方来朝”的盛世景象。

那些朝贡的贡品也千奇百怪，像珍珠、珊瑚这样的都是俗物，像狮子、羚羊这样的活物，才是皇帝关注的焦点。当然，在所有贡品中，最为奇特的就是长颈鹿了，这种动物被认为是活生生的麒麟。而非洲各国的使臣也知晓了中国皇帝的喜好，从而开创了一种特别的朝贡现象——麒麟朝贡。

中国人讲究礼尚往来，在朝贡这件事上，也完全没有含糊。明成祖那叫一个爽快，该封名头的封名头，该赏东西的赏东西，总的感觉就是：一定要显示天朝的国威，一定要让大家拿走的东西比带来的东西多。于是，朝贡的使臣带着皇帝的赏赐乐呵呵地回国了。

在这个交换过程中，除了皇帝的虚荣心得到满足之外，大明帝国几乎没有得到什么实质性的好处。在郑和远洋的收获中，稍微有点实用价值的，就只有各种香料了，来自印度的胡椒、来自锡兰的肉桂、来自印尼的丁香和肉豆蔻，被送回了大明王朝的都城。然而，这些香料大多进了王公贵族的厨房和仓库。

## 郑和为什么没有成为哥伦布

与改变了世界格局的哥伦布大交换相比，郑和的航行似乎只是一场绚丽的表演，在热热闹闹的剧情落幕之后，一切都归于沉寂，甚至连航海日志都石沉大海，就好像历史上根本没有发生过这样的事情。

更夸张的是，航海日志的遗失，竟然是有意而为之。负责保管航海日志的官员在应对上级检查的时候，竟然还振振有词地说郑和下西洋就是一个劳民伤财的事情，对国家完全没有好处，因此他把航海日志处理掉，让这样的事情不再发生，反而是功劳一件。这样的逻辑让上级官员也无言以对。于是，一场耗时近 30 年的大航海活动，最终以这样的方式收场，留下的只有遗憾、猜测和人们对郑和宝船的想象。

相对来说，在郑和下西洋的 60 年后，西方国家进行的航海活动却完全改变了世界。这个航海活动的领导者凭着找到香料群岛的信念，就敢从西班牙国王那里讨来一些资助，带着几条寒酸的商船，朝着未知的海域扬帆而去。这一次探险让新旧大陆建立了联系，对后来的世界文明走向起了决定性的作用。

从美洲带来的金银等贵金属，使得欧洲出现了史无前例的通货膨胀，促使资本集中，大大推进了欧洲资本主义的发展进程。同时，白银也加强了东西方的贸易，中国得到了急需的白银货币，而西方人得到了想要的茶叶和丝绸。更不用说从新世界来的土豆、玉米和红薯，让欧洲的粮食生产有了翻天覆地的变化。人口飞速增长，也给欧洲资本主义的发展提供了充足的劳动力资源。

但是明朝和清朝却没有在飞速发展的贸易洪流中获得足够的收益，反倒是随着涌入白银的增加，也出现了通货膨胀。在缴纳白银税金不变的情况下，实际明王朝总的税收收入降低了，这也成为明王朝败在清兵铁蹄之下的重要原因之一，毕竟空虚的国库根本就无力支撑像样的战争。与此同时，这样的贸易模式和交换也为 300 年之后的鸦片战争埋下了伏笔。

同样是伟大的航海家，哥伦布与郑和的差异，究竟在什么地方呢？其实，这与两人的个性并无多少关系。这种巨大的反差，其实是欧亚大陆两端的不同文明的差别造成的。

欧洲的海岸线绵长，海岛众多，并且没有台风和飓风的困扰，海上交通和贸易一向发达，也就促成了航海业的发达。哥伦布的美洲之行就是在这个传统基础上，加上了当时先进的航海技术，最终促成了新大陆的发现，并由此改变了整个世界的经济、政治、贸易乃至人口分布的格局。

中国大陆沿海的情况就要复杂得多，夏秋季节经常出现的台风对海运有着破坏性的影响。鉴真东渡的数次尝试，恰恰是我们面临的航海环境恶劣的真实写照。在缺乏现代技术的古代中国，海运和海上贸易一直都没有很好地发展起来。

再者，对于大明王朝而言，郑和的这些行为，仅仅是一场

哥伦布从帕洛斯港登船和离港

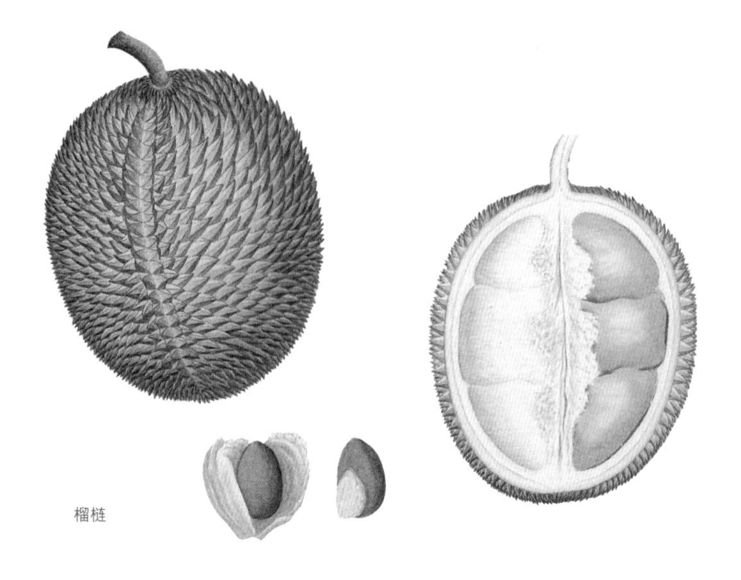

榴梿

天朝上国的国力展示。明王朝的帝王们并没有想过从这些航行中获取利益，这也是农耕经济主导下的统治者的真实想法。

不过，即使是这样，在郑和七下西洋的过程中，竟然都没有随行船员尝试将海外的水果带回中国，其实也是一个难以理解的事情。



## 榴梿为什么没随郑和进入中国

中国传统水果的滋味，都是清淡和芳香的，像桃、李、梅、杏等平常的水果，都只有淡淡的芬芳，像柑橘和香橼这样的水果，已经算是气味浓烈了。然而，这些水果的气味与热带水果的气味相比，简直就是小儿科。热带水果“重口味”的代表，就是榴梿。

历史上，对榴梿最早的记录，来自跟随郑和船队下西洋的一位叫马欢的人，他是这样记录榴梿的：“有一等臭果，番名‘赌尔焉’。如中国水鸡头样，长八九寸，皮生尖刺。熟则五六瓣裂开，若臭牛肉之臭。内有粟子大酥白肉十四五块，甚甜美好吃。中有子可炒吃，其味如栗。”这里面的“赌尔焉”就是当地人对榴梿的称呼，在马来语中的意思是“带刺的果子”，恰是榴梿的外貌特征。

除了怪异的外形，浑身散发的浓烈的特殊味道，可能是阻碍榴梿进入中国的一大障碍。还记得在20年前，榴梿出现在家乐福超市的时候，很多中国朋友都会捂着鼻子，快步走过榴梿堆放区。那种特殊的气味，也就成了超市水果区的典型特征。

除了浓烈的怪异气味，榴梿难以进入中国市场，还有另一个原因，那就是中国的气候也很难栽种榴梿。榴梿是一种典型的热带植物，所需要的终极条件就一个——热。然而，在明王朝的辖区之内，还真的难以找到适合它生存的方寸之地。

**带不走的种子，不是你想种就能种**

如果说，榴梿是因为怕冷，无法进入中土大地，那杧果和山竹则完全不存在这种问题，现如今，杧果已经遍布中国的华南和西南区域。但是，中国最早关于杧果的记载，却出现在明末清初，这比郑和去探寻东南亚晚了200多年。为什么那个时候，郑和没能把这些水果带回中国呢？

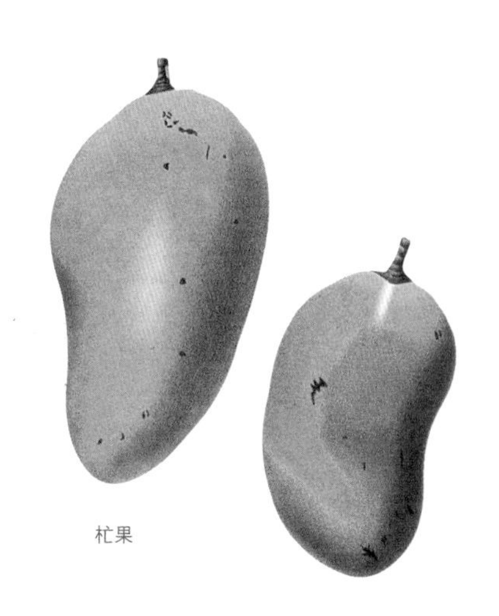

杧果

·山竹·

要细说起来，包括杧果和山竹在内的水果的种子都有一个怪脾气，就是在脱离了湿润的果皮包裹之后，一旦变得干燥，会立即丧失活性。因此，这些水果的种子也被称为“顽拗性种子”。

在 18 世纪末期，也就是郑和下西洋的几百年之后，英国人开始尝试将山竹的植株运送回国。要知道，那个时候的大英帝国正处于全盛时期，势力范围遍及全球，号称“日不落帝国”，凡是地球上的植物都要搜罗回去献给女王。

要想在近一年的远洋航程中，保证这些植物存活，那可不是简单的事情。于是各种运送植物的暖箱、温室应运而生。最早的一幅山竹图像，恰恰是在一幅绘制于 1775 年的暖箱图解中顺带勾勒出的。不过，这次运送显然是不成功的。因为直到 1855 年，英国本土栽培的山竹，才第一次结出了果实，女王这才有幸尝到了这种热带水果。在整个 18 世纪末到 19 世纪初的这段时间里，山竹才逐步被栽培到整个东南亚地区。

除了顽拗性种子的特点，山竹的种子还有另一个特点，那就是它完全是单性繁殖的。虽然山竹也开花，但却没有花粉的交流。山竹的种子就是由子房内壁的细胞发育而来的。从某种意义上说，山竹的种子就是山竹树的克隆版本。

时至今日，研究人员几乎已经放弃了用种子培育山竹苗的做法。直接用芽和叶进行组织培养，更容易得到幼苗，同时随着培养基的改进，我们已经能用这样的方法，更快地得到健康生长的山竹树苗。

# 闭关锁国下的水果交流

郑和的大航海事业黯然落幕，在随后将近500年的时间里，中国再无对海外的大规模探索。不管是明帝国，还是清帝国，对海外贸易都是持怀疑和规避的态度，在大部分时间里，虽然清朝的康乾盛世被人津津乐道，但是这个时候的中国经济发展已经被高速发展的世界抛在了身后。

从明末到清末，再没有像张骞那样带回助力帝国发展的物种资源，更没有像唐高宗时期那样霸气带回的马奶葡萄和酿酒技术。中国与世界交流的时钟，突然停摆了。从1840年鸦片战争爆发开始，在100多年的时间里，中国的水果就像中国的社会一样，开始了一场被注入和改良的旅程。

## 东西方的尴尬交流

从郑和远洋之后，一直到清末的绝大多数时间里，中国的海岸线都处于封闭状态。明朝和清朝的皇帝们并不希望有过多的贸易和交流。在这些统治者的眼中，那些未知的世界大多意味着威胁统治的风险。

吕思勉先生的《中国通史》对此有过精辟的分析：首先，虽然前有郑和下西洋，但是中国古代一直也没有成熟的海军技术，对海盗并没有根治的能力，因而有恐惧心理；同时，在后来的西方的坚船利炮和现代化的枪械面前，更有畏惧之心；再者，最初踏足东方的欧洲人大多都是探险家，难免做出粗暴的行为，也让人惧怕。更让统治者担心的是，很多西方人是来传教和布道的，因此出现了意识形态上的冲突，当中国的传统礼制（祭天、祭祖、崇拜孔子）和皇帝的皇权受到基督教的神权挑战的时候，自然是会发生冲突的。当然，想避免这种冲突，一个捷径就是尽可能减少东西方的交流，这也就是最初闭关锁国的最初动机。

## 土豆和红薯助力人口爆发

清朝康熙、雍正年间，社会逐渐安定，加上两位皇帝励精图治，中国的人口日益增加。然而，本土的作物能够提供的粮食产量与人口增长的矛盾日益凸显。颇为尴尬的是，外来的物种解决了清朝的皇帝们碰到的这个大麻烦。因为真正解决当时中国百姓的吃饭问题，仰仗的是从南美洲漂洋过海而来的粮食作物——土豆和红薯。

与传统种植的水稻和小麦相比，土豆和红薯不仅提供了更多的粮食，还提供了更为全面的营养。在同等耕地条件下，同样耕种面积的土豆能提供的热量可以达到稻米的 3 ~ 4 倍，1 公顷的土豆的产量，甚至可以达到 34 吨，并且土豆在提供足量碳水化合物之外，还能提供蛋白质和维生素 C，除了维生素 A 和钙含量稍显不足之外，土豆简直就是填饱全人类肚子的完美食物。而土豆缺乏的营养物质，也并不是问题，同期进入中国的辣椒和中国传统的黄豆完美补全了土豆在营养方面的短板。

粮食构成的改变，带来了人口的发展，中国人口终于在乾隆六年（1741）突破了 1 亿；在乾隆三十年（1765），中国人口突破了 2 亿；到乾隆五十五年（1790），这个数字已经变成 3 亿。这样的变化，与这些高产作物的引入是密不可分的。这样的人口大发展，就在闭关守旧的同时，如火如荼地进行着。

新的农作物的出现也大大影响了大片区域的生态环境，因为土豆和红薯不仅能提供充足的碳水化合物，还对生长的环境不挑不拣，很多原本不适于种植水稻和小麦的山地区域都被开发成了耕地。

就在东西方尴尬交流的时候，西方人喜欢的水果也被带入了中国。

## 番姓水果的到来

在明朝末年，一大堆带有“番”字头衔的水果冲入了中国。

“番石榴”和“石榴”并无直接的亲戚关系，就好像“番荔枝”之于“荔枝”，“番木瓜”之于“木瓜”，“番茄”之于“茄子”。多一个“番”字，只是对比而已。

与此同时，我们在其他植物身上还能看到“胡”字和“洋”字，比如“胡萝卜”“洋芋”。其实，这些“胡”“番”“洋”的前缀，也能说明这些食物的一些身世。

通常来说，带“胡”字的蔬果，大多为两汉、两晋时期，由西北陆路引入中原的；而带“番”字的蔬果，大多为南宋至元明时期由“番舶”（外国船只）带入的；带“洋”字的蔬果，则大多在清代乃至近代被引入。

可以想见，番石榴引入中国的时间还算比较早，虽然它的老家在南美洲。番荔枝家族的老家在热带美洲和西印度群岛。很早之前，番荔枝就被当地人作为水果来培育了。后来，番荔枝被欧洲殖民者带到了欧洲，再后来，又被荷兰人带到了东南亚和我国台湾，从此在这里找到了一片生存的乐土，开枝散叶。

在马来西亚，当地华人把“刺果番荔枝”称为“红毛榴梿”。这显然不是基于它们的颜色来定的名字。虽然刺果番荔枝浑身都是毛刺，但终究不是红色的。那它为什么叫“红毛榴梿”呢？我对这个问题思索了很久，不得其解。某一天，我恍然大悟，刺果番荔枝形似榴梿，同时又是荷兰人引入马来群岛的，而当时华人对荷兰殖民者的蔑称就是“红毛”，于是就把他们带来的

·刺果番荔枝·
（红毛榴梿）
·石榴·
·荔枝·

·番荔枝·
·番石榴·
·榴梿·

番荔枝叫作“红毛榴梿”了。

实际上，欧洲人在起名字上面，也与中国人有相通之处。在英语中，很多果子都与苹果有关，比如凤梨叫“pine apple”，腰果的果托叫“cashew apple”。这大概是因为原生于欧洲的好水果有限，而苹果又是最有代表性的一种吧。至于番荔枝，欧洲人给它起了个名字叫“糖苹果”（sugar apple），就是因为番荔枝的糖度（可溶性固形物）极高，普通苹果的糖度只有10 ~ 13，而番荔枝的糖度可以达到17 ~ 18。

从中文来看，如同其他名中带“番”的植物一样，“番荔枝”与“荔枝”毫无亲戚瓜葛。荔枝是无患子科家族的成员，而番荔枝则是番荔枝科的成员。两者的关系，仅仅是相似的满身凸起的外表，但是荔枝有一个完整的可以剥离的外壳，而番荔枝的果皮和果肉却紧紧地贴合在一起。除此之外，番荔枝的果肉中还有一些冰沙质感的小颗粒，那是番荔枝果实特有的石细胞，有点像各种梨子果实的石细胞。

不管怎么样，来到中国的番姓水果似乎都生活得很好。东南亚地区和我国台湾逐渐成为番荔枝的天下，也成为番石榴的重要产地。只是这些水果最初在市场上的表现总是不尽如人意。

这些原产于热带的果树，并不像很多热带植物那么娇气，它们甚至能忍受零下4℃的低温，并且能一生都生活在花盆之中。更难能可贵的是，番石榴的挂果年限超长，从栽种后两年就能挂果，一直到树龄40年的时候还能贡献果实。

番石榴内心充盈的种子还有奇特的气味，让它在中国的成长速度远没有想象中那么快。这些被冠名“鸡屎果”的水果，在很长的时间里都蜷缩在狭小的生活角落里。

虽然番石榴没能攻占中国的水果摊，但是它们已经在热带岛屿攻城略地了。凭借强大的生存和繁殖能力，一些番石榴属的植物在加拉帕戈斯群岛成为入侵物种，成为当地植物眼中的绿色恶魔。这也算得上是一种好吃的入侵物种吧。戏剧性的是，在番石榴的原产地，随着栖息地破坏程度加剧，这些好吃的水果变成了珍稀物种。毋庸置疑的是，人类在这出闹剧中扮演了极其重要的角色。

# 门户开放后的水果流失

随着欧洲人的介入，中国的水果构成发生了天翻地覆的变化，如果说南来的番姓家族还不足以颠覆本土的龙眼、荔枝的地位，那么，随着殖民地和租界的拓展，苹果——这种被认为是中国本土水果的植物，随着欧洲人的航船悄然而至，大有一统北方水果疆域的气势。

新疆野苹果。图片来源：PPBC/ 迟建才

## 苹果如何走向世界

苹果是外来物种？很多朋友可能会表示怀疑。他们觉得，中国人早就吃上苹果了，它怎么会是外来物种呢？

这还得从苹果的身世说起。世界上的苹果种类相当丰富，从小到大，从脆到面，一应俱全，但毫无疑问的是，如同狗都源自狼一样，世界上所有的苹果也都源自一个祖先。只是很少有人会注意到这种蜷缩在中亚和我国新疆地区的野果子——新疆野苹果（塞威士苹果，*Malus sieversii*）。

其实，这种苹果很早之前就踏足中原了，但很遗憾的是，单独进入中国的新疆野苹果变成了“柰”。柰在中国的栽培历史超过 2000 年，在司马相如（公元前 179—前 118 年）撰写的《上林赋》中就有关于柰的描述。

但柰毕竟是有缺陷的，酸溜溜的、绵软的口感，实在无法勾引人们的食欲。于是，柰一直是中国水果的配角，根本无法与桃、李、杏、梅平起平坐，以至很少有人知道这种果子是苹果家族的成员。

还好，一路向西的另外一支新疆野苹果，并没有孤军奋战，而是与欧洲野苹果（*Malus sylvestris*）联姻，强强联合，产生了更优质的后代，为多变且优秀的苹果家族奠定了坚实的基础。那么，中国的苹果就是从欧洲直接引入的吗？事情并没有这么简单。

·苹果·

当然，最初的苹果并不是欧美最主要的水果。在欧洲，它们进入了馅饼和果酱中。在美洲，酒瓶才是大多数苹果的最终归宿。最初到达美洲新大陆的殖民者，总要解决吃喝的问题，饥饿时，欧洲探险家可以吃玉米，但是他们却喝不惯那些龙舌兰酒。欧洲葡萄在美洲的种植也是屡屡受阻，因为美洲的根瘤蚜就是欧洲葡萄的天然克星。

喜欢喝两口的“新美国人”，只能求苹果树帮忙了。虽然这个时候的苹果不够脆，也不够多汁，但没关系，它们是要进入发酵大桶的，可不可口并不重要。于是，在新大陆，苹果承担起了一个重要的任务——成为酿酒原料。

就这样，苹果最初在美国是伴随着酿酒出现的，但是后来，有一位神奇的老伯干了一件非常神奇的事情。19 世纪初，一位叫约翰·查普曼的美国大叔在俄亥俄州中部的丘陵地带搞定了几块土地，从此开始了他的苹果收集工程。收集的过程很简单，就是从那些果汁工厂的废渣中把种子刨出来，然后送到自家的果园进行栽种培育。据说，他刨出的苹果种子，装满了几艘货船。于是，到 19 世纪 30 年代，约翰已经把自己的果园塞得满满当当。而这些苹果个体，就成了美国苹果界的老祖宗。

禁酒令改变了美洲新大陆酒类市场的命运，也改变了苹果的命运。20 世纪 30 年代，美国严禁酒精饮料出现在市场上，这可急坏了一众好酒的人。虽然嗜酒之人总会寻找政策的一些漏洞，比如，葡萄干砖的包装上的警示语写道：千万不要把葡萄干酵母放在注水的水缸里混匀，以免产生酒精饮料。但这不过是小打小闹，并不能解决苹果的出路问题。

因为禁酒令，苹果生产商们迫不得已，只好从酿酒原料商变身为水果供应商，但是想让市场接受一个全新的水果谈何容易。于是，水果产业中最经典的广告横空出世了，“一天一苹果，医生远离我”（One apple one day，doctor go away）。不用怀疑，这个被奉为营养金句的谚语竟然是卖苹果的广告语。

实际上，美国才是现代苹果真正意义上的老家，也正是从美国开始，很多美好的苹果鲜食品种才出现在中国人的餐桌之上。

## 西洋苹果、西洋梨进入中国

实际上，真正的西洋苹果，还是美国传教士倪维思（J. L. Nevius）在 1871 年带入山东烟台的。与苹果同时期进入中国的，还有一种特别的水果，那就是烟台梨。

这种梨与中国人习惯吃的梨有着完全不同的脾气：首先，这种梨并不能现摘现吃，否则只能尝到酸涩不堪的汁水；再者，这种梨完全没有中国梨那种脆爽的口感，而是软绵绵的，就像咬了一口甜瓜瓤的感觉。

这就是西洋梨。西洋梨的特点，一是需要一个后熟过程，二是口感上软糯多汁。在中国，西洋梨一度被称为“老婆儿梨”，含义就是连老奶奶都可以毫不费力地吃这种梨。但是，这种梨显然并不符合中国人对梨这种水果的传统认识，所以在中国一直发展得特别缓慢。直到一个多世纪之后，这种梨才重新以“啤梨”的名号再次进入水果市场，成为新兴的洋气水果，但这都是后来发生的事情了。

苹果的输入一直没有停止过。1898 年，青岛成为德国的租界。在这里，德国人种下了从欧洲和美洲带来的苹果树。在随后的日子里，俄国人在大连建起了苹果园，日本人在辽宁熊岳种上了自己的苹果树。随着英、美、日侨民的推进，北戴河也有了苹果树。

但 1949 年之前，中国人没有成规模地种植苹果。一方面是因为战乱的影响，但更重要的是，要接受这种完全不同的水果，毕竟是需要时间的。

### 那些在中国不受待见的洋水果

中国人拥抱洋水果的节奏，其实远比接受粮食和蔬菜慢得多，原因还是在于水果在中国人的餐桌上地位低微。况且，中国人对于传统好水果有着自己根深蒂固的评判标准，再加上“天朝上国”的心态，很难打心眼里接受外来的水果。

比如，香甜的番木瓜就碰到过这样的问题。有一个关于番木瓜的段子，一个人送给上司一大筐番木瓜，上司对番木瓜大加赞赏，这哥们儿不合时宜地来了一句：“您能喜欢太好了，在我们家，只有猪喜欢吃它。”

好吧，这个段子至少说明一个事情：像番木瓜这样的洋水果，最初进入中国的时候，并没有受到大家欢迎，反而是作为一种低级食物出现的。

毫无疑问，比之中国传统的木瓜，番木瓜的食用性能已经非常好了，但是这并不妨碍中国人一边朗诵“投我以木瓜，报之以琼琚”的诗句，一边啃着硬硬酸酸的木瓜，同时又对番木瓜投去

·牛油果·

鄙夷的目光。

与番木瓜相比，牛油果的处境就更显尴尬了，因为它的滋味完全不像中国人传统认知的水果。牛油果进入中国，已经有很长一段时间了，早在 1918 年的时候，我国就进行了牛油果的引种实验。在随后的几十年时间里，在我们国家的两广地区，以及四川、云南，都有牛油果的种植，可是长期以来，牛油果都没有发展成大规模种植的水果，在市场上也鲜能看见。究其原因，还是因为牛油果完全不在中国人对水果的想象范围之内，所以在市场上吃不开。

中国的水果摊子，因为中国与世界的交流开始改变，在我们不经意间，苹果这样的外来水果开始取得中国水果市场的主导权，而这一切都发生得静悄悄。让人更意想不到的是，中国的一种野生水果也在这时开始输出，并最终成为世界瞩目的明星水果，这就是猕猴桃。

专题

# 植物猎人：神秘的职业

苹果进入中国的时候，正是一个混乱的年代，孱弱的晚清政府，连自保都是问题，当然无暇顾及世界范围内的物种交流了。就像之前提到的土豆、玉米和番木瓜，这些异域作物并非中国人主动寻找和引入的，更多的是借着侨民返乡或者伴着欧美人的经商、传教行为，进入中国的。所以，在经历了明末清初的物种大量输入事件之后，中国的物种输入似乎又进入了漫长的停滞期。

与此同时，来到中国的植物猎人们完全被中国丰富的植物资源震撼了。他们的行动让西方的花园彻底改变了面貌，比如各种杜鹃花让本来冷清的西方的春天变得热闹非凡。同时，来自中国的月季花更催生了现代月季，也在很大程度上奠定了现代鲜切花产业的基础。

1820 年前后，英国的传教士把我国的藏报春从广州引入英国，引入的藏报春于次年开花，这引起极大轰动。从此以后，欧美等国不断派人来我国采集报春花属植物的种子和标本。在后来植物猎人的历次探寻中，橘红灯台报春、霞红灯台报春、橙红灯

自英国传教士把中国的藏报春引入西方开始，西方植物猎人从中国带走了100多种报春花属植物。图为报春花科植物中的藏报春

台报春、高穗花报春、报春花、丽江报春等品种相继被引入欧洲。当时，仅英国由我国引入栽培的种类就曾多达110余种，其中不少已广泛栽培于欧美各国的庭院。这些报春花的引入，对以后欧美等国培育美丽的报春花品种做出了重大贡献。

1856年，著名的英国植物猎人罗伯特·福琼在我国云南找到一种名为云锦杜鹃的杜鹃花，这种颜色多变、香气袭人的杜鹃花成为后来栽培杜鹃的重要亲本。可以说，云锦杜鹃的出现，大大丰富了世界杜鹃花育种的资源库，让杜鹃花真正成为一种园林观赏花卉。不仅如此，福琼还将大树牡丹、蔷薇等园艺植物的资源运回了欧洲。

### 植物猎人来了

什么是植物猎人？这其实是一个很难回答的问题，这个人群很难界定，有人说他们是冒险家，有人说他们是博物学家，还有人说他们就是赤裸裸的物种强盗。不管怎样，在19世纪和20世纪初，植物猎人成为欧美贵族圈里的红人，不仅因为他们可以带回新奇的植物，更重要的是，带回这些新奇物种的行为是蒸蒸日上的国力和科技发展的象征。

今天，我们在植物园能看到很多令人惊异的植物，王莲就是其中的一种。这种有着硕大叶子的睡莲科植物，毫无疑问是植物园水池中的明星。

但是，很多中国朋友可能都没有注意到，王莲的拉丁文属名是“Victoria”（维多利亚），竟然与英国女王同名。这并不是

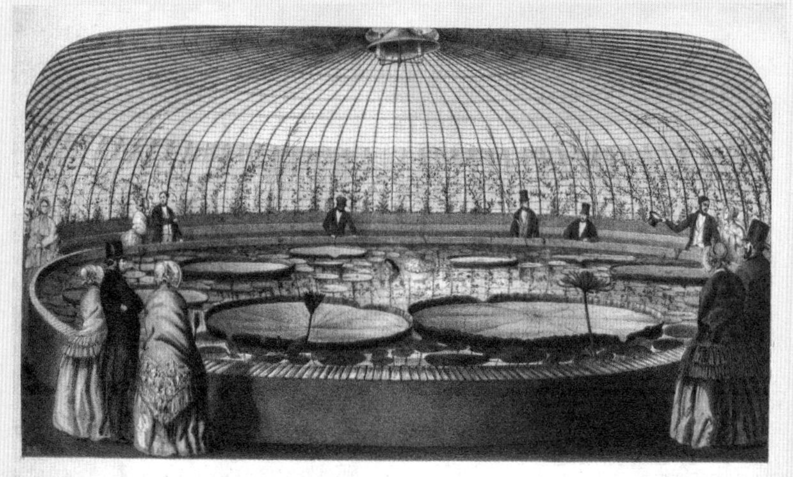


19 世纪，王莲被作为珍奇花卉引进英国，引发热捧

一种巧合，这种植物正是英国植物猎人给女王的献礼，这种植物见证了维多利亚的辉煌时代，也见证了英国植物猎人在全世界搜集奇花异草的黄金年代。从遥远的南美洲把这样奇异的植物运回英国本土并栽培成功，无疑是对发展中的科技和国力的最好见证。

1837 年，英国探险家罗伯特 · 赫尔曼 · 尚伯克在英属圭亚那第一个发现了亚马孙王莲。巨大的王莲让探险家震惊了，在当时的八卦消息中，王莲是一种“花朵周长一英尺，叶片每小时长大一英寸”的神奇植物。英国植物学家约翰 · 林德利经过鉴定，将王莲定为睡莲科下的一个属，并且以维多利亚女王的名字为这种植物命名。加上发现王莲的英属圭亚那是英国在南美洲的第一块殖民地，于是巨大的花朵、崭新的殖民地，这些身份交织在一起，王莲也多了几分更深层的含义。

实际上，植物猎人为了让王莲活生生地出现在英国人面前，着实下了一番功夫。如何让王莲开花就成了一场让英国园艺学家为之疯狂的竞赛，也成为不同家族的角斗场。各路人马不断尝试从亚马孙流域运回各种王莲的植物体。从 1844 年到 1848 年，多次努力都以失败告终。不要说开花，就连在英国得到活的王莲植株也是一件非常困难的事情。

直到 1849 年，英国的园艺学家才解决了这个问题。他们发现：一定要把王莲的种子保存在水里，才能保持它们的活性，否则王莲的种子就会死亡。1849 年 2 月，保存在清水中的王莲种子活着来到了英国。同年 3 月，英国皇家植物园得到了 6 棵植株，到夏天的时候，植株数量增加到了 15 棵。当年 11 月，亚马孙王莲终于在英国皇家植物园林——邱园——第一次绽放了花朵。这是一场人类科学与自然法则对接的胜利。

## 植物猎人在中国：为了茶叶



植物猎人收集植株种子的工作，无疑也对植物学的发展起到了重要的推动作用。当然，植物猎人的使命并不仅止于收集奇花异草，他们也是推进帝国经济发展的重要力量。植物猎人来中国的第一使命，是获得茶叶的种苗和种植方法。

之前说过，中国从明末开始，实行闭关锁国政策。然而，中国却渴望白银这种可以作为货币的金属。因为在古代中国，以铜钱为本币的货币体系一直都没有建立起来，民众对于铜钱的购买能力持怀疑态度，而更倾向于接受更有公信力的白银。于是在古代中国的贸易体系中，对于白银的需求量越来越大。但遗憾的是，中国并不是白银的主要产区，这样就出现了货币需求和贸易之间的矛盾。

恰恰在这个时候，西班牙人和葡萄牙人在美洲找到了大量的黄金和白银。而大量的白银正由美洲新大陆源源不断地输送到欧洲，进而变成了购买茶叶的资金。

在 18 世纪，英国和中国的茶叶贸易就像巨兽一样，吞噬着英国的白银储备，而英国人对此束手无策，因为中国人似乎完全不需要英国人制造的商品，不需要枪炮，不需要轮船，更不用说棉布和丝绸了。从 1880 年到 1894 年，中国茶叶的关税收入达到了 5338.9 万两白银，而在 1700 年到 1840 年，从欧洲和美国运往中国的白银超过了 1.7 亿两。

英国人不仅在中国，还在印度搜集茶树种子和幼苗，实际上，英国人率先在印度找到了野生的茶树（普洱茶种），但是这些野生茶树的品质实在满足不了茶叶生产的需求。于是他们将目光，还是放在了中国。

实际上，清政府对于茶树外流有着严格的管理，私自偷运茶树幼苗和种子会被处以极刑，但是在高额回报的诱惑下，还是有植物猎人铤而走险，将茶树走私运往印度。后来，有一位植物猎人在中国搞到了适合生产的茶树种子，他就是福琼。1851 年，福琼为印度带来了 12838 棵茶树幼苗，并且还有 8 名熟练的茶树工人。这就成为印度制茶产业的基础。

印度这个新兴的产茶区域的兴起，让英国人完全摆脱了中国茶叶贸易的限制。在这个过程中，植物猎人发挥了举足轻重的作用。

## 猕猴桃走出国门，纯属意外还是命中注定？

清末年间，水果圈里发生了一件看似微不足道的事情：一种不起眼的水果种子被带到了新西兰。然而，这件事直接影响了世界水果产业，并且成就了近 100 年来人类唯一成功驯化的水果物种。这个在当时毫不起眼的水果，就是“美味猕猴桃”。

如果说，印度成为茶叶产区，是植物猎人蓄谋已久的产物，那么猕猴桃成为一种世界著名的水果，那可以算得上是一个意外，一个“必然发生的意外”。

## 有心栽桃桃不开

实际上，与猕猴桃产生联系的植物猎人非常多，其中就包括大名鼎鼎的威尔逊。威尔逊堪称最成功的植物猎人之一，在1899—1911 年，他曾先后 4 次来到中国，大规模采集植物种子资源，收集种类涵盖了珙桐、罂粟花、报春花、川木通、绣线菊、双盾木等重要的植物类群。这些植物资源在西方的园艺花卉发展中发挥了重要作用。当然，威尔逊也没有错过猕猴桃这类特别的植物。

1899 年，威尔逊就将采集到的美味猕猴桃种子寄回英国。1900 年，这些种子顺利生根发芽，但是在 1911 年之前，英国人都没有得到猕猴桃的果实。在同一时间，美国农业部也间接从威尔逊手中获得了猕猴桃的种子，到 1913 年，已经有超过 1300 株猕猴桃在美国各地试种，然而没有结果子。后来调查发现，英国和美国培育的首批美味猕猴桃植株都是雄性的，不结果子。

在植物的花朵中，实际上是有性别之分的，只是通常见到的很多花朵，比如百合和月季是两性花——雄蕊和雌蕊共存。这些两性花既可以产生花粉（精子），也可以产生胚珠（卵子）。这两者相互配合，就可以实现授粉受精，结出美味的果实。

但是，猕猴桃就不一样了，它是功能性的雌雄异株植物——雄性植株只有雄蕊，也只能产生花粉；而功能性的雌性植株，虽

·猕猴桃·

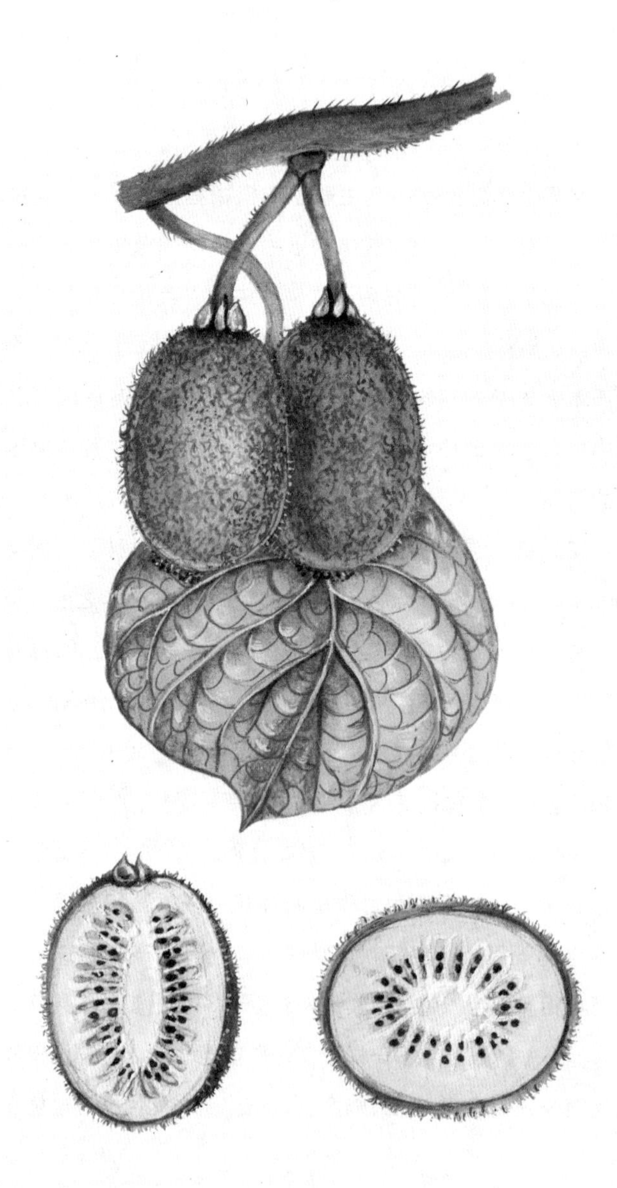

然既有雌蕊又有雄蕊，但这些雄蕊都只是摆设，根本不能产生合格的花粉，这些外表上的两性花都只是雌花而已。所以，对任意一种猕猴桃来说，都必须由雄性植株和雌性植株相互配合，才能真正实现开花结果。而悲催的英国和美国园艺学家就是没有拿到那棵“下金蛋”的猕猴桃雌性植株。

## 幸运的新西兰女教师

1904 年，一位新西兰女教师来到中国探望她在湖北省一座教堂传教的妹妹。谁也没有料到，这个女教师的名字竟然同猕猴桃的命运牢牢地绑在了一起，她就是伊莎贝尔。

就在那一年，伊莎贝尔带着一小包美味猕猴桃的种子，回到新西兰。这包种子发了芽，长出了三株猕猴桃，并且顺利开花结果。令人意想不到的是，这三株猕猴桃植株成就了现代猕猴桃产业。目前占世界 80% 供应量的猕猴桃品种——海沃德，也是这三株美味猕猴桃的后代。

同威尔逊相比，伊莎贝尔无疑是幸运的，因为她带回新西兰的种子繁育出的三株植株中，有一株雄性植株，还有两株功能性雌性植株。幸运女神显然更为眷顾我们的女教师，而非植物猎人。

还有一种说法是：伊莎贝尔带回新西兰的猕猴桃种子是直接或者间接从威尔逊那里得到的。如果事情真的是这样，我们就只能感叹造化弄人了。

美味猕猴桃于 1910 年在新西兰挂果，不久之后，英美种植者们也从中国得到了雌性植株，但是他们似乎并没有在果实选育上投入太多精力，只是把美味猕猴桃当作观赏植物，任其在庭院中花开花谢。而新西兰的种植者却是如获至宝，将猕猴桃生产变成现代水果产业的经典案例。

## 墙内开花墙外香

中国的猕猴桃资源不可谓不丰富，除了我们今天看到的新西兰美味猕猴桃。中国本土还有更具有优势的“中华猕猴桃”，目前市场上出现的“红心猕猴桃”和“黄心猕猴桃”其实都是中华猕猴桃这一物种的后代，它们的特点是果皮上并没有细密的绒毛，同时还拥有更细腻的果肉，更高的甜度和颜值。

除此之外，中国的山岭之间，还藏着很多口味特别的猕猴桃，其中“狗枣猕猴桃”和“软枣猕猴桃”是被关注最多的种类。这两种猕猴桃的形象，完全不同于中华猕猴桃和美味猕猴桃。这两种猕猴桃的个头要小得多，并且果皮光滑无毛，所以看起来就像是一颗颗枣子。只不过，因为它们的果皮通常是绿色的，所以更像是没熟的枣。

我第一次接触软枣猕猴桃的时候，也是这种感觉：“谁把没熟的枣打下来了？”但是，咬开果皮就会发现，这毫无疑问是猕猴桃——碧绿的果肉、黑色的芝麻样的种子和白色的果心，都在说明它独特的身份。这些猕猴桃都有着特别口感，然而这些果子成为水果，也是近几年的事情。

中国为什么错过了这么多美好的水果？根本原因，还是农耕社会的生活状态并不足以推动水果产业发展。而到今天，世界已经变成地球村，一切都在贸易的网络之内，我们已经无法再逃避这场游戏。在全球化的今天，中国的水果培育和水果市场又将何去何从呢？

Ⅶ

# 现代

—

褚橙生产工业化
极地苹果玩创新

# 种子权利的战争与新品种的研发

从20世纪中期开始，在科学家和园艺工作者努力下，中国产生了一批有特色的水果品种，育种工作也进入了快车道，比如大家熟知的“花牛”苹果，还有一众新兴的红心和黄心猕猴桃品种。

只是，中国的优质水果产品仍然是稀缺资源，纵然有一些果子可以让人三月不知肉味，但是大多数水果产品，只能达到“可以吃”的状态。要搞清楚造成这种尴尬的原因，我们依然要把目光投向中国传统的农业生产模式和现代商业规则之间不可调和的矛盾。

# 水果品种的尴尬与种子专利

进入21世纪，中国人的生活发生了巨大变化，基本的食物供给和需求已经不再是问题。伴随着消费升级，消费者对于水果的需求也出现了变化——不再满足于“够甜”这一个指标，而需要“更丰富的滋味”和“更美妙的口感”。

中国的水果品种开始了缓慢转型，市场上的苹果从“国光”变成了“富士”，橙子也从“广柑”变成了“橘橙”，菠萝也变成了“无眼牛奶菠萝”。中国的水果摊，前所未有地丰富起来。

但某些时候，我们也会发现，即使是相同品种的水果，其口味和香气也会有很大的区别。这到底是怎么回事呢？

## 外表相近的水果，口味却完全不同

所有 80 后对电脑的认识，大概是伴随着这些关键词开始的——486、电脑室、3.5 寸软盘，还有光盘。2000 年左右，是中国电脑发展迅猛的年代，拥有一台摆在宿舍里的台式电脑，几乎是所有大学生的第一愿望。

电脑硬件有了，还需要软件，那个时候并没有苹果的 App Store，没有小米商城，没有百度，没有谷歌，所有的游戏软件都需要借助软盘和光盘来传递。于是在各大高校附近的音像店里，在电脑城里的摊位上，多了很多码放整齐的纸盒子，纸盒子里插满了包在简单塑料封套里的各种光盘。就连当年的网红剧集《流星花园》也是依托于这些介质划破天空，进入了大学的每个宿舍。

盗版光盘的冲击，让正版游戏生产商举步维艰。在互联网发展起来之后，下载替代了盗版光盘，更是把正版软件逼到了墙脚。还好，后来的发展可以用“峰回路转”来形容：一方面，国家对于软件知识产权的保护日益加强；另一方面，软件的赢利模式从一次性售卖变更为升级付费、广告赢利，以及游戏内付费，软件市场得以迅猛发展。近年来，知识产权保护日益升级，软件行业的生态圈也变得越来越好。

其实，在近些年的水果圈里，这样的变化也在悄然发生着。不管是吃柑橘、苹果，还是吃草莓，我们都会发现一些特殊情况，

·草莓·

虽然有些水果外表上非常接近，但是香气和口感却有着明显的差异。

由于水果的特殊性，许多水果需要从原始的种苗上，利用嫁接技术和组织培养技术，才能获得品质如一的、能大量生产的植株。但是，随意“引进”的水果，可没有这么讲究。这就带来一个问题：在形成种子的过程中，必然伴随着基因的重新组合，从而影响子代的形状。简单来说，就是孩子不可能是爸妈百分之百相似的复制品。

即便是在使用嫁接技术培育的果树身上，随着年限的延长，果树的枝芽也会因为感染病毒导致品质和产量下降。换句话说，即便是优良的果树，也未必能一直提供优良的嫁接枝条。

栽种正版水果品种，好处是显而易见的——更低的患病概率，更高的产量，更好的品质。如果口感、香气完全不同的“盗版水果”越来越多地出现在我们的生活中，正版水果的市场必然会受到冲击。幸运的是，越来越多的种植者已经意识到这一点，走上了求新求变之路。

### 种子应该有专利权吗

实际上，在众多农产品的生产过程中会碰到一个问题：我们究竟要不要为种子（苗）付费？

曾几何时，当大家必须从种子公司购买粮食种子的时候，也一度有过这样的疑问，明明留下的种子还能继续种出来粮食，为什么每年都要买种子。但很快，大家都会发现，留种的作物种子并不能持续提供优质的产品，而购买的标准种子则能保证产量和质量。于是，大家开始逐渐理解农作物种子的重要性。

在中国传统农业中，大家早已经形成自家留种、自家种植的习惯。长期积累起来的习惯，促成了一个大家都默认的规则："作物种子是大家共享的资源，就像地球上的阳光和空气，我们并不需要为此额外付费就能取用。"

在自给自足的小农经济条件下，这种规则毫无疑问是会被所有人默许的。因为免费输出种子，并不会损伤自己的利益，甚至在很大程度上是在帮助他人，甚至还有人认为这是一个积德行善的举动。

但是，在农业生产工业化、商品流通全球化的今天，这种忽视种子专利的行为，必然会影响新品种的开发和升级，因为所有人都等待着别人去做这个辛苦的事情，然后坐享其成。

然而，这必然是要解决的问题。确实有研究人员早就想到了这个问题，并且提出了态度强硬的解决方案。

1998 年，美国农业部和岱字棉公司曾经公布了一项新的控制种子发芽的技术——种子公司将种子浸泡在四环素溶液后再行销售。农民用这些种子，可以得到产量高、抗病性强的作物，但是作物的种子，都是不可育的。也就是说，农民得到的种子都是一次性使用的。这项技术由此被形象地称为"终结者"。

著名的科学记者丹尼尔·查尔斯在他的转基因作物著作《收获之神》中，做过一个形象的比喻："'终结者'由一系列基因组成，这些基因充当了遗传开关的角色。在正常情况下，这些基因并不发挥作用，就像松开的捕鼠器，种子可以正常繁育。但用四环素溶液处理之后，种子中的‘捕鼠器’就‘吧嗒’一下扣上了。这些经过处理的种子可以开花结果，然而它们的后代就再也不能发芽了。”

不过，这种技术的滥用，很可能会造成不可逆的农业灾难。所以，直到今天，“终结者”技术还没有被实际应用。

到今天为止，解决种子专利的方法，仍然是通过跟农民签订协议。比如，孟山都公司在推广转基因玉米种子前期，确实有农民试图私自留种。但是，高额的罚款和严密的调查，很快就规范了大家的行为。1999 年，孟山都公司对 500 个关于留种的报告进行了调查，并对 65 名农民提起诉讼，这些种植者最终都同意支付了每平方千米 20 万美元的罚金。因为修改后的基因，是板上钉钉的证据。

但是，如果在中国直接使用这种模式，仍然会面临极大的问题和障碍。就像中国的游戏企业，不能原封不动地复制西方的游戏公司的经营模式一个道理。后者都是通过直接出售游戏软件来获取收益的，而在中国，这条路并没有走通。

在水果品种创新中，也需要一种能够解决这些问题的方式和方法。

# 水果生产的工业化与创新

在最近50年里，随着化肥、农药制造技术，以及采收储运技术的发展，我们的农田变得越来越像是生产车间，一条条田垄变成了“装配”农作物的流水线，越来越多的生产标准和检测标准被引入果园。工业化农业（像做工业那样做农业）受到现代社会的欢迎，但它是不是未来的发展方向，学界还有争议。

除了传统育种模式和生产模式的改变，世界范围内的水果创新技术也进入了新的快车道。

## 中国水果生产的快车道

水果生产工业化最典型的就是新西兰的猕猴桃生产，从最初的选择猕猴桃砧木，到选择嫁接的接穗，再到整理生产枝条，以及控制开花数量，做好人工授粉，去除多余的果实，检测果实的成熟度，都有具体的操作标准。

现在，国内也有很多水果生产企业，意识到标准化生产道路的好处，以“褚橙”为代表的一大批新兴的水果品牌开始进入市场，不管是种苗选择、田间管理，还是采收品质，都有了相应的标准，这就意味着消费者拿到的果实有了更为严格的质量控制。

然而，水果生产被诸多因素限制，光照、降水、土壤肥力、授粉时机，都会影响果实的品质。所以在接下来的几年中，也有人说褚橙不好吃了。其实这是在提醒广大种植者，一个先进的流水线，也是需要不断维护和调控才能生产出优质的产品。

水果生产，再也不是传统意义上的那种“以经验为主”的生产，而是一个“以技术为先导，以基础科学理论为支撑”的类工业化大生产。这是中国水果生产必须借鉴、学习和坚持的，只有贯彻始终，中国水果生产的发展才能进入快车道。

## 创新的极地苹果，为市场而生

2018 年，一种全新的苹果在美国上市了。这种苹果可以在切开之后的很长时间里，果肉都维持雪白的状态，不会变黑，因此也被叫作“极地苹果”。

切开的苹果会变黑，这是植物世界中普遍存在的氧化反应过程，这个过程也被叫作“褐变”。

在植物中，存在很多多酚类的物质，这些东西通常是没有颜色的。这类物质会跟氧气结合，产生一些有色物质。还好，多酚类物质就像一个老老实实的超级宅男，即便是氧气这样超级活泼的美女在眼前晃荡，宅男也无动于衷。要想让它与氧气擦出一点火花，还需要月老的帮忙，月老就是多酚氧化酶。

在健康的植物细胞中，多酚和多酚氧化酶是老死不相往来的两类物质，它们一个住在液泡里，一个住在类囊体中，只有当细胞受到破坏时，两种物质才能相遇。在多酚氧化酶的“牵线搭桥”之下，多酚类物质会和氧气迅速结合，果肉也就变黑了。

为了对抗影响苹果颜值的褐变，可以考虑三种类型的解决方案：一是隔绝氧气，二是减少多酚类物质或者增加抗氧化剂，三是降低多酚氧化酶的活性。

第一种方案，是把切开的苹果泡在盐水里，就可以将讨厌的氧气隔离开，达到阻止苹果变色的目的。但是，泡了盐水的苹果还好吃与否，那就另当别论了。

第二种方案，是降低多酚类物质的含量。这个方案几乎是不太可能实现的，且不说植物体内的多酚类物质实在太多，更麻烦的是，多酚类物质还有重要的维持植物生命的任务（比如抗氧化），如果完全剔除，结果很难预料。

第三种方案，是一个巧妙的方案。如果帅哥美女必须出现，那不让他们之间产生联系就好了。我们完全可以从月老——多酚氧化酶身上寻找解决方案。

比如，我们做凉拌藕片的时候，用沸水来汆烫藕片，然后把藕片放进凉水中迅速冷却，就能快速破坏藕片中的多酚氧化酶，这样藕片就能保持洁白的颜色了。但是，并非什么材料都耐煮，很多水果稍加蒸煮，就会色香味全无。

终于，还是得使用一个快刀斩乱麻的解决办法——让果实中的多酚氧化酶失去活性，或者干脆不产生多酚氧化酶。要实现这个目标，需要一种叫 RNA 干扰（RNAi）的转基因技术。通过基因编辑的手段，让生产多酚氧化酶的基因保持沉默，这样不管有多少多酚类物质和氧气，都不是问题，因为这二者的牵线人——多酚氧化酶已经被我们限制了。

极地苹果，就是用这种技术培育的苹果。在高科技的影响下，水果会更顺从地服从人类的意志。可以想见，在不久的将来，水果的育种和生产中，会出现更多类似的案例。

# 再造一个年轻的水果

实际上，中国水果有着强劲的发展动力，因为我们还有很多尚待开发的物种资源。作为国际园艺学会猕猴桃工作组主席、中国园艺学会猕猴桃分会理事长，黄宏文老师选育了9个猕猴桃新品种，对中国本土的猕猴桃品种的发展做出了巨大、杰出的贡献。而除了猕猴桃之外，黄老师还希望开发一种更年轻的，更能代表中国的水果，那就是木通果。

### 红心、黄心还是绿心？

猕猴桃育种，最重要的三个关键点就是甜度、口感和颜色。

除了糖度的影响，好吃的猕猴桃还必须有一个特点，那就是软。虽然也有人喜欢啃硬硬的猕猴桃（别奇怪，我真有这样的朋友），但是大多数朋友还是喜欢那种软糯的感觉。但并不是所有的猕猴桃都能变得软糯可口，特别是果实中心不会变软，直接变成了口香糖的状态，那又是为什么呢？

我们所说的猕猴桃的心，实际上就是猕猴桃胎座的核心。这个部位在生长前期一直维持着坚硬的状态，当果实成熟的时候，在乙烯的引导下，纤维素酶的活性逐渐增强，细胞壁开始降解，猕猴桃的果实就开始变得软糯起来。

但是，有些因素会影响果实变软的进程。比如，保鲜剂和不恰当的储运温度都会影响猕猴桃的后熟过程。不恰当地使用保鲜剂、过低的储运温度，都会让猕猴桃的中心变成有嚼劲的“口香糖”。

有了好的口感，还远远没有达到完美，猕猴桃还应该有完美的容颜。猕猴桃的果肉颜色，是由三类色素共同决定的，分别是叶绿素、类胡萝卜素和花青素。通常来说，不管是哪种猕猴桃，在果实未成熟之前，叶绿素都是最优势的色素，这点我们在番茄、苹果身上也有直观感受。随着果实的成熟，叶绿素会逐渐减少，

· 红心猕猴桃 ·
· 黄心猕猴桃 ·
· 绿心猕猴桃 ·

展现出成熟果实的颜色（黄色、白色或者红色等）。但是美味猕猴桃中的叶绿素在成熟时也不会减少，所以传统猕猴桃品种的果肉都是绿色的。而新品种的中华猕猴桃的叶绿素会随着果实成熟而降解，逐渐呈现出类胡萝卜素所特有的黄色。这正是水果商们梦寐以求的猕猴桃的颜色。

目前在市面上能够见到的黄心猕猴桃品种，主要是由我国选育出的“金桃”和“金艳”，还有新西兰培育出的“G3”和“Hort16A”。后两种都是新西兰从我国引种的中华猕猴桃的杂交后代。1998 年，“Hort16A”在日本试销成功，并且以“阳光奇异果”的名号畅销全球。在短短的十几年时间里，黄心猕猴桃的市场份额已经占到 20%。

“金艳”是我国自主开发的猕猴桃品种。甜度匹敌新西兰的黄心品种，果肉多汁细腻。因为不需要长途运输，所以成熟度可以较高，自然有着更为出色的口感。令人高兴的是，这些颇具竞争力的品种在黄心猕猴桃的市场竞争中站稳了脚跟，使得该类市场再也不是新西兰人唱独角戏了。我国作为猕猴桃的原产地，终于在激烈的国际市场竞争中有了底气。

除了金色果肉的品种，拥有红色果肉的猕猴桃品种在近年来也异军突起。最具代表性就是“红阳”和“楚红”这两个品种，因为富含花青素，靠近果心部位的果肉就显露出鲜艳的红色。需要特别说明的是，这两个红心品种是土生土长的中华品种。

除了黄心和红心猕猴桃，绿心猕猴桃的培育也有了长足进步。扁圆的“翠香猕猴桃”，多毛的“徐香猕猴桃”都是绿心猕猴桃中的佼佼者。毫无疑问，这些国产的猕猴桃品种已经具备叫

·木通果·

板新西兰奇异果的实力。

## 木通果：更年轻的水果

然而，在黄老师的心中，猕猴桃并不是一个可以代表中国的水果，因为这个水果的产业规则是新西兰人建立起来的。为此，他要再培育出一种比猕猴桃更年轻的水果。

木通果，就是他选定的目标。

木通科水果的造型都颇为奇特，果实很像我们平常吃的秋黄瓜，但是很多木通科的果实并不安分，比如“三叶木通”，它在成熟之后就会开裂，露出里面的果肉，因为三叶木通通常会在农历八月成熟，所以也叫“八月炸”。还有不会开裂的“野木瓜”，形似木瓜，但是要小很多。不管是“八月炸”，还是“野木瓜”，它们的果肉都有类似果冻的口感。正是因为它们拥有如此特殊的外形和口感，所以受到了年轻人群的欢迎。

只是，木通果的果肉比较薄，种子大，甜度也不太稳定，特别是木通果在成熟之后会开裂，极大地影响了运输。只要解决了这些问题，三叶木通就很有可能成为水果界的“明日之星”。

新的、优质水果品种的培育，是非常困难的，需要投入巨量的资金、精力，还需要一些运气才能成功。但是，新品种一旦成熟，却很容易被盗取。因此，对水果资源的保护，对相关知识产权的保护，是值得重视的事。我们品尝到美味水果的同时，需要想到那些选育专家在背后默默的付出。感谢所有提供美好滋味的朋友！

专 题

# 挑水果也要看颜值

面对琳琅满目的水果摊，总有一种挑花眼的感觉。在众多的水果之中，我们该如何找到心仪的水果呢?

**品种是一切的根本**

对水果来说，横挑竖挑，“品种”永远是第一位的。想在“富士”苹果上体验“花牛”苹果的绵软，显然是不可能的。我们都愿意要那些青皮包裹的香梨，却少有人对青皮的鸭梨感兴趣。因为我们都知道，后者还没熟，肯定是不会甜的。在一大堆苹果里面，如果喜欢绵软，不如来个“黄香蕉”；如果喜欢脆甜，自然是选“红富士”；至于钟情酸甜口的，那就搞个“国光”吧。无论在什么地方，品种都是决定水果味道的决定性因素。

再比如荔枝，通体红色的“桂味”品种就要比红绿相间的“妃子笑”多几分特殊的香气。至于说同一品种的荔枝，建议买个头大的。因为同一品种的荔枝的种子大小差别不大，如果果子太小，就意味着果肉很薄，那就不划算了。不过，如果你购买的是无核品种，那请自动忽略此条建议。

菠萝也是如此，如今新兴的卡因种菠萝因为果眼浅、甜度高，加上蛋白酶含量低（可降低嘴巴发麻和蜇痛感），受到了大家的喜爱，并且被赋予了新的名字——“凤梨”。那些冠芽上没有锯齿，或者锯齿稀疏的个体就是这个品种。

大家对杧果的喜好，可以说是众口难调，有人喜欢肉厚的（比如“象牙杧”品种），有人喜欢味道香的（比如“台农一号”品种），有人喜欢没有纤维的。但总体来说，目前比较好的选择就是“金煌”杧果和“桂七”杧果，这两个品种几乎结合了所有杧果的优点。当然，成熟度越高，香气越足的，更适合鲜吃。如果想储存一段时间，选成熟度略低的，反而是更好的选择。

### 靠谱不靠谱，还要看产地

水果的产地，也是另外一个重要因素。我们经常说的“烟台苹果”“库尔勒香梨”“广东荔枝”“福建橘”“北京西瓜”“新疆哈密瓜”都是打上了地域标签的水果。可能有的朋友会说，这无非是商家的一些销售策略而已，但是事实并没有那么简单。

虽然很多水果都可以在不同的地方生长，比如在江浙地区种棵苹果树，在两广种点大枣，都不会影响生长。但是，不同地区出产的水果，口味差别极大。就拿“红富士”苹果来说，昼夜温差较大，可以促进糖的积累；果实成熟期的相对湿度、日照率与花青素的合成有关；另外，生长过程中的最高气温，也会对果实品质产生影响。这么看来，那些标明产地的水果，也并非徒有虚名。

对于榴梿这样的进口水果更是如此。通常来说，我们碰到的绝大多数榴梿，都是从泰国进口的“金枕头”榴梿。经过长途运输和销售，才摆上中国人的餐桌。长期以来，广大消费者误以为榴梿只有一种滋味——臭，当然“榴莲粉”绝对不会同意用这个字眼来形容。实际上，榴梿家族的成员非常多，比如“猫山王”榴梿和“黑刺”榴梿，都有特殊焦糖和花朵的气味。

在选择榴梿的时候，建议选择那些自然裂口的果实，那说明成熟度比较高，甜度和果肉的质感都已经达到巅峰状态。需要用刀砍开的果子，通常来说，口味都不会很好。榴梿在完全成熟时，会释放出浓郁的气味来吸引动物，所以味道浓重的榴梿，也意味着成熟度高，但正如上文所述，这种气味并非单纯的臭味。

### 成熟度也是美味的保证

成熟的果子最好吃，这是不会变的真理。想来，我在甘肃吃到的那个梨子就是这样的果实。一般来说，自然成熟的果实都会散发自己特有的香味，选择这样的水果是绝对不会错的。

有些水果可以在采摘之后进一步成熟，最具代表性的就是猕猴桃、鳄梨和香蕉。这些果子在采摘之后，还可以继续成熟的过程，从硬变软，从酸变甜。有些水果并没有后熟过程，并不会随着储存时间的延长逐渐变甜。其中，最有代表性的就是菠萝。

果实成熟也有一些明显的标志，比如香蕉上的斑点，牛油果变成深墨绿色，猕猴桃变软，这些都是果实成熟的标志。还有一个更特别的例子就是挑西瓜了，通过叩击西瓜的声响，就可以判断西瓜的成熟程度。从科学原理上讲，这种做法是可行的。因为西瓜在成熟的过程中，伴随着瓜瓤细胞壁的降解，细胞之间的结合会慢慢变得松散，对于同等大小的西瓜来说，成熟西瓜的叩击声会沉闷一些。

但是，在实际操作的时候，西瓜的大小、形状、品种、温度等因素都会影响判断，所以这看似简单的技巧，其实并没有那么容易习得。

即便是卖西瓜的小贩，很多时候也只是拍拍瓜皮，做个样子，因为一车西瓜，在采摘的时候成熟度都是接近的。所以，当无法判断西瓜是否成熟时，最好的办法就是买切开的那种。

Ⅷ

# 新时代

—

家中坐吃神秘果
遍地都种优质梨

## 电商带给水果市场的巨大改变

时间进入 21 世纪的第二个十年的时候，中国人吃水果的方式正在发生巨变。不知道从什么时候开始，小区门口的水果摊不再人头攒动，超市的水果区也少了很多簇拥的人群。但是，人们吃的水果不是变少了，而是变多了，不管是种类，还是数量都是如此。

今天，水果市场早就没有了地域限制。我们习惯的水果，早就不是家门口或者县城里所产的本地水果，越来越多的外地水果，甚至洋水果，都进入了我们的生活。更有意思的是，我们早已习惯送到家门口的一箱箱新鲜果实。

# 神秘果：电商和物流带来的奇妙水果

不知道从什么时候开始，大家习惯了那些跨越千山万水而来的包裹。绚丽多彩的电商页面，代替了有着亲切感面容的水果摊老板，精心搭配的水果篮子变成了屏幕上虚拟的购物车。

坐在北京的家中，我可以同时品尝来自四川的爱媛橘橙，来自陕西的翠香猕猴桃，来自广西的百香果，来自台湾的凤梨释迦，甚至还有漂洋过海而来的智利车厘子。这些身世和产地完全不同的水果，可以在同一时间冲击我们的味蕾。

## 改变味觉的神秘果

随着敲门声，传来的是一句悦耳的声音：“快递！”

赶紧开门，从快递员手中接过包裹，反身关门，拿剪刀开箱，从小纸箱的层层泡沫衬垫中，拿出两个塑料小碗。打开小碗，十几粒枸杞模样的小红果子静静地躺在里面。快递送来的枸杞模样的小果子，就是大名鼎鼎的、有着能变酸为甜的魔力的果实——神秘果。

废话不多说，赶紧拿出早就准备好的柠檬、白醋、酸苹果，把儿子、女儿都叫来，一起来体验这种神奇果子的魔力。

看着吃了神秘果的小朋友们开心地啃着柠檬，手舞足蹈地表现着自己的激动之情，我知道，他们的嘴巴里已经是满满的甜蜜滋味，也能感受到他们内心的欢乐。

水果带给我们的，远不止于身体本能上的满足感，更重要的是还能带来娱乐层面的精神享受。这一切来得太急太快，以至我都快忘了在 10 多年前神秘果这种植物还是极为稀罕的物件。

神秘果是山榄科的植物，原产于西非。在 20 世纪 60 年代，周恩来总理访问非洲的时候，加纳把一批神秘果的果树作为国礼，赠送给了周恩来总理。这批获赠的神秘果树，被种植在中国科学院西双版纳热带植物园之中。

今天，我们还可以在西双版纳热带植物园的百果园的入口

·神秘果·

处找到一大棵果树，叶子像杜鹃花属植物，那就是神秘果树（多次去过西双版纳热带植物园的我，从来没有在这棵树上见到过果子）。在神秘果的标牌上清清楚楚地写着："果实含有神秘果蛋白，可以改变人对酸味的感觉。"好吧，我相信就是因为这个原因，我才没有见过神秘果树上的神秘果，谁能忍住内心的那份好奇呢？

我真正吃到神秘果是 2015 年。这些果子看起来并没有什么出众的地方，就像一颗颗饱满的红枸杞，连个头都很像。只不过它们的果肉并没有枸杞那么厚，因为神秘果里面有一粒巨大的种子。把神秘果放在嘴里，细细品味，也尝不出特别的味道，只有淡淡的甜味在嘴里扩散。

难道神秘果就这么普普通通？别急，随后是见证奇迹的时刻。一口咬下一大块柠檬，天啊，甜的！那明明就是甜橙的味道！神秘果居然改变了柠檬的味道，把酸味变甜！！这到底是怎么回事？

原来，这种神秘能力，同神秘果中的神秘果蛋白直接相关。1968 年，日本科学家栗原坚三从神秘果中分离出了这种蛋白质，并把相关研究发表在当年的《科学》（*Science*）杂志上。遗憾的是，到目前为止，我们还没有搞清楚这种蛋白的作用机理。只有一点可以肯定：神秘果蛋白可以影响我们的味蕾，让味蕾暂时失去对酸味的感知，同时增强对甜味的感知。这就是柠檬变甜橙的原因了。

在之前的互联网上，有一段流行的对神秘果的描述："神秘果是一种椭圆形的红色果实，长不过一厘米，直径也就几毫米。

剖开看，里面除了一点甜味果实和一粒大种子之外，再没有什么神秘的东西了。可是，只要吃一点点这种果实，大约几个小时之后，你的味觉就全变了。此时，不管是吃苦黄连、辣椒，还是酸柠檬，你会觉得这些果实不再苦涩、辛辣或酸得倒牙，而是变成甜的了。”

我亲自尝试后得知，确实有效。当然，这种效果不是永久的，在吃神秘果大约 30 分钟之后，它们的“神秘力量”就开始减弱。两个小时之后，柠檬就还是柠檬味儿了。这个时候，如果还想感受神奇，我们就该考虑再吃一粒神秘果了。

至于其他味道，就别指望神秘果了。即便吃上 10 粒神秘果，吃的辣椒还是辣的，吃的黄连还是苦的。那是因为神秘果蛋白并不会影响感受苦味和辣味的神经感受器。所以，不要想用一粒果子，就让整个世界只剩下甜蜜。

感谢电商的出现，正因为它们的努力，让我们很容易获取神秘果，也为植物科普事业做出了突出贡献。在真正品尝神秘果之后，我才知道，前文那段话有不实的成分，因为实践证明，神秘果蛋白能影响的，只是我们对于酸味的判断而已。

另外，吃神秘果也是有讲究的，最好趁鲜食用，因为神秘果素的稳定性并不好。炖汤就更不要放了，因为当温度超过 100℃时，神秘果蛋白就会被破坏，所以那个网络流传的神秘果煲汤的介绍，如果不是假广告，就是脑子秀逗了。另外，神秘果蛋白还会受酸碱度影响，如果 pH 值低于 3 或者高于 12，神秘果蛋白就会丢失神秘能力。在 5℃冷藏，且 pH 值维持在 4 的条件下，神秘果蛋白可以保存 6 个月，不过显然，这样的保存条件并不容易达到。

实际上，这飞奔而来的神秘果一点都不简单。我们早已习惯了下单、付款、收快递、拆箱的流程，但是你有没有想过，如果付钱过后，包裹没有来呢？那你该怎么办？

## 古老的人情和新的契约

是的，在互联网深入千家万户的今天，在物流业发达的许多地区，我们很少会怀疑快递不会被准时送达。即便有遗失情况发生，按照流程操作，也很快能收到补发的商品或收到退款。不过，我们可能已经忘记，曾经在很长一段时间里，甚至就在不久之前，我们还坚持选择“一手交钱，一手交货”的交易模式。

今天，我已经忘记了上一次“一手交钱，一手交货”是什么时候了。当我思考这一现象的时候，发觉这背后其实一点也不简单。在这些水果交易背后，隐藏的是一次中国新的信用体系的构建。

## 新的信用体系的构建

在中国人的传统生活中，我们更信任亲朋好友，更信任邻里，因为这是我们最亲近的人。而今天，我们在看不到商品实物的时候，就敢把钱交给商家或者第三方平台，这其中，改变的不仅仅是商品的购买模式。

在之前的章节中，我们曾经讨论过古代中国的社会构架，在一个以小农经济为主的社会中，商品流通受到了极大限制，人与人的交流也就被限制在了有限的空间。所谓的“老乡见老乡，两眼泪汪汪”，通常所说的也是县级行政单位之下的老乡。所以，当我们在饭局上认老乡的时候，如果是同一个县下的乡村的，必然热情相拥，甚至会从七大姑八大姨的角度找到亲密的联系。但如果说只是一个省的老乡，通常来说，只会引发一次礼节性的寒暄，然后就没有更多交集了。

这就是古代中国生活的时空观对现今生活的影响。在1949年之前，特别是改革开放之前，绝大多数中国人其实并没有想过自己会在远离故乡上千千米的地方生活。所以，基于人情世故的区域性的信用体系就这么诞生了，甚至还影响了人们对区域性的固有印象。

比如，每当我介绍自己是山西人的时候，大家有两个必然反应，第一个是“你们家有矿”，第二个是“你会做生意”。对山西人来说，矿不一定有，但是生意倒是多少会碰到。山西人的“生意经”有着自己的特征——个人信用是做生意的核心。这点在明清时期大红大紫的晋商身上表现得尤为突出，以“诚信”文化为信念，以“本地化”用人为担保，以股权激励为机制，以政府信用为依托，以重复博弈为基础，是晋商票号信用制度的系统特征。说简单点，明清时代富可敌国的晋商票号老板，看重的是个人的诚信，这是一切事情的基础。这种做法一直沿袭到21世纪初。我仍然清晰地记得，父亲与合作伙伴之间的交易就建立在一句口头承诺上，即便有字据，也仅仅是简单涉及钱款总额。

当时，刚刚在大学法学课上学到“合同”的我，时常提醒父亲要签订正式的合同，明确双方的义务和权利。然而，我从来没有成功过。因为父亲笃信：“那么诚恳的人怎么可能骗人呢？”

实际上，上面说到的建立在个人品行基础上的信用体系，更适合小范围内的经营活动。毕竟，在县一级行政单位的小范围内，可以通过亲属、邻里、朋友对合作方的评价和背书，得出一个相对精准的评判。但是在时间和空间扩大之后，这样的体系就很容易崩溃了。

于是，有些欠款，父亲至今也没能要回来，而最初的那纸所谓的合同，也只是写上了供货价格和供货时间，并没有写清楚违约责任。于是，一个商业合同就变成了人品的试金石。毫无疑问的是，这种做法与今天的商业体系是格格不入的。

更有意思的是，从看人品到看契约和信用记录，这种信用系统的重建，是中国商业的一次本质性变化。而这种变化又势必影响更广泛的人际关系。

有人说，现在的人情味变淡了。其实多数情况下，他们是不习惯现代的人际关系。不能赊账，资金往来有契约，这其实是符合融合交流世界所需的。而那种“烂好人”的做法，已经被现代生活抛弃了。所以，一次简单的网上购物，背后藏的事情，并不简单。

实际上，在刚刚接触电子商务的时候，我也充满了疑虑：“在网上买的商品，一定能准确地送到我们的手中吗？”这种疑虑不仅仅在于买方，还在于卖方。如果发出货物之后，不能准时收到货款，该怎么办呢？其实，在早期的海外电商交易平台亿贝（eBay）上购物的时候，还真有不能收到货物的情况发生。

很快，解决大家麻烦的第三方平台出现了。这个可以暂时托管资金，让买方和卖方都安心的平台，就是我们今天熟悉的支付宝。实际上，我们在使用支付宝的时候，从来没有担心过支付宝也只是一个由服务器和网络构成的体系，它本身并不能为我们提供实际的货物。但是，支付宝这样的电子支付体系的建立，毫无疑问构建起了中国新的信用模式。而这种信用模式的拓展，在很大程度上为物流和电商的迅速扩展创造了条件。

随之而来的，是我们消费的商品，早就不是只由熟悉的乡镇供应，而是越来越多地来自遥远的异国他乡。在打破地域限制的基础上，我们的味蕾对于食物的感知也在悄然发生变化。

专题

# 从原产地到优质产区，商业促进水果改变

今天的水果生产，不再是一种区域性的水果生产，而是被全省、全国乃至全世界市场检验的水果生产。在这个过程中，所有水果的品种和产地都在进行重新洗牌和布局。

在很多年前，我们更多熟悉的是有地域特征的传统水果品种，莱阳梨和京白梨就是其中的代表。特别是莱阳梨，一直都是好梨的代名词。并且，行业一直是以原产地产出的水果为优质的标准，这种地道产地的范围甚至可以精确到乡镇。

毫无疑问，在 30 年前，莱阳梨因为个头大、甜度高，成为美好水果的象征。这不仅仅得益于良好的品种，更重要的是山东莱阳的光照、水分和土壤都特别适合莱阳梨的生长。

然而，时至今日，我们再来品尝莱阳梨，就无法再感受当年的那种惊艳了。在丰水梨、库尔勒香梨还有玉露香梨等众多新品种的冲击下，莱阳梨已经“泯然众梨矣”。很多历史上的非产梨区，都成了梨的优质产区。

在前文，我们讨论过好水果的要素，一是品种，二是产地。

品种是一切的基础，而新兴的水果品种不断涌现，让我们有了更多的选择。毫无疑问，新培育出来的水果品种，不管是在风味上，还是在口感上，都比老品种有了巨大的提升。比如，新近推广开来的玉露香梨，不仅有库尔勒香梨的细腻多汁，还有鸭梨的个头，相较于传统的莱阳梨品种，品质提升更是十分明显。

至于产地，在传统上，因为缺乏广泛的物流系统，大家选择的水果也大多局限于县域之内，所以更熟悉的是以乡镇为单位的水果产区，并且在很大程度上淡化了品种的概念。

但是，如今，水果的生产格局正在发生天翻地覆的变化，新品种和新产区正在颠覆原有的生产格局。就拿苹果来说，如今的苹果产地已经不是 30 年前烟台苹果一家独大的局面，单单是富士苹果就已经形成多个产区。北起营口，南到昭通，东至栖霞，西去阿克苏，加上洛川、静宁、大小凉山，各地都形成了自己的特质。大家可能已经忘了，现代苹果进入中国的时间只有短短 100 多年，而如今，这种水果已经完全成为本土化的水果。

如今，猕猴桃种植也进行得如火如荼，除了传统的陕西秦岭产区，新兴的四川蒲江猕猴桃产区已经成为新的热点产区，还有浙江、江西和湖北等地的猕猴桃生产也在蓬勃发展。所谓的原始产地，早已变得不再重要，只要是土壤、气候俱佳的地方，就一定能生产出最棒的水果。相信在不久的将来，猕猴桃将成为中国老百姓餐桌上的寻常水果。

而这一切还要归功于电商和物流业的发达，正是商业的推动，让水果成为真正的商品。水果成为商品之后，改变的不仅仅是市场，更重要的是再一次改变了我们对水果的口味偏好。

·莱阳梨·

·丰水梨·

·京白梨·

苹果征服世界，用了2000多年的时间。猕猴桃成为世界水果，用了100年的时间。而榴梿在中国推而广之，只用了短短20年。这种改变，恰恰就是商业力量的真实展现。

毫无疑问，在缺乏物流和信用体系支撑的古代中国，水果只是补充粮食的备用品，或者怡情所需的奢侈品。囿于不易储藏的特性，水果注定不会成为大宗贸易的货物。当然，也就不会有力量来推动水果市场的发展，也就使得传统中国人对于水果的认识，一直都停留在追求“甜”和“大个头”这个层面上。

到今天，前所未有的商业网络，不仅推动了中国经济的腾飞，还改变了中国人对水果的认识。如今，水果在中国第一次成为真正意义上的水果。

不断出现的榴梿风味产品，不断提示的榴梿鲜果广告，超市里码放整齐的榴梿堆，都在不断输出一个观念：“这种水果其实就是我们生活的一部分。”换句话说，是商业的力量在影响我们的味蕾。

新的水果世界的大门已经向我们敞开。回头再来看我网购的那些神秘果，它们改变的不仅仅是我们的味觉感受，其背后改变的，是中国水果的属性和未来。在融合了商业、资本、物联网等元素之后，中国水果正焕发出前所未有的生机，真正甜蜜的时代正阔步向我们走来。

# 后记

在本书中，我们简要回顾了中国水果的变迁。这种变迁，其实反映的是中国地理气候、社会生产、货币制度以及与世界的交往等层面的变迁。

小小的水果身上隐藏的是中国人的性格和脾气。正因为如此，水果也在不断发生变化。透过水果的变化，我们看到的是中华民族的沿袭和变化，随着中华民族的伟大复兴，中国的水果滋味也必将越来越好。

在写作过程中，我搜集到的资料和信息无法面面俱到，所论述的事情也难免存在瑕疵，只能寄希望在未来加以改进。

本书的部分文字由《中国烹饪》杂志的专栏集结而成，那是这本书的雏形。在成书的过程中，还要感谢中国国家地理·图书的主编和编辑对文稿进行整理和编辑，督促我增加近三万字的内容，使知识结构更加完整，整体内容更加丰富。感谢刘华杰教授审读全书，并提出了诸多宝贵的意见和建议，最后感谢读者们的支持。